ABC 分析法在煤矿安全管理中的研究与应用

栗继祖 等 著

U0311318

科学出版社

北 京

内 容 简 介

目前我国行为安全管理已经在许多工业领域得到了应用，而 ABC 分析法作为行为安全管理中最重要的理论方法却没有发挥其应有的作用。本书运用 ABC 分析法分析了煤矿工人工作中不安全行为的原因，以作业现场为基础，充分收集、挖掘并分析煤矿工人作业的详细过程，制定改进现场安全管理的措施，最终形成一套以人为本的安全、高效、质优的安全行为作业体系。实践表明，ABC 分析法可以有效改进现场作业人员操作水平，降低失误率，提高沟通效率，在改进煤矿安全管理中具有积极作用。

本书可作为安全工程领域研究人员、管理人员的专业读物，以及教育、医学、社会学、管理学、机械设计等专业师生的参考书。

图书在版编目（CIP）数据

ABC 分析法在煤矿安全管理中的研究与应用/栗继祖等著. —北京：科学出版社，2017
ISBN 978-7-03-052945-9

Ⅰ.①A… Ⅱ.①栗… Ⅲ.①煤矿-矿山安全-安全管理-研究 Ⅳ.①TD7

中国版本图书馆 CIP 数据核字（2017）第 117938 号

责任编辑：裴 育 纪四稳／责任校对：桂伟利
责任印制：张 伟／封面设计：陈 敬

科 学 出 版 社 出版
北京东黄城根北街 16 号
邮政编码：100717
http://www.sciencep.com
北京教图印刷有限公司 印刷
科学出版社发行 各地新华书店经销
＊
2017 年 6 月第 一 版 开本：720×1000 B5
2017 年 6 月第一次印刷 印张：11 1/2
字数：232 000
定价：85.00 元
（如有印装质量问题，我社负责调换）

前　　言

我国煤炭消费占一次性能源消费总量的 70％以上，同时，煤炭行业也是我国事故最多的工业领域。煤矿事故中，人为事故是我国安全生产领域最突出的问题，对事故中不安全行为及行为控制的研究是煤矿安全研究中的关键。研究表明，在所有导致我国煤矿事故的直接原因中，人为因素所占比例高达 85％以上，控制人的行为是预防煤矿事故的关键所在，也是煤矿安全管理的中心内容。

国内外对于不安全行为引发事故的原因进行了大量研究，提出了一些解决不安全行为的理论和方法，其中，前因-行为-后果（activator，behavior，consequence，ABC）分析法是被证明的有效方法之一。ABC 分析法的研究是伴随着 20 世纪 90 年代兴起的行为安全（behavior based safety，BBS）方法而开始的，它是行为安全管理的核心理论。近十年来，国外 ABC 分析法的研究主要集中于减少事故伤害、提升系统安全性和安全氛围以及优化环境等方面，并取得了积极的进展，具有明显的安全管理成效。然而，ABC 理论在我国煤矿行业中的研究与应用刚刚起步，本书在对 ABC 理论进行研究的基础上，选取我国煤矿企业进行适用性研究，取得了一手资料，为加强我国煤矿安全提供了新的借鉴。

为有效评估煤矿工人不安全行为的影响因素，本书采用 ABC 分析法对现场搜集的不安全行为数据加以分析，找出其主要原因；在安全行为作业体系测量与评价的基础上，编制安全心理行为测量表，对煤矿工人的安全行为状况进行测量。以山西省潞安集团王庄煤矿（以下简称王庄煤矿）为例，开展行为安全管理实施和效果量化评估，验证方法的有效性，以期为解决煤矿人为事故多发的状况提供借鉴。

本书的主要工作如下：首先分析不安全行为的原因并对其进行归类。运用 ABC 分析法对所观察到的不安全行为进行分析，整理出具有代表性的行为表现及原因，并进行原因归类。然后进行观察结果的整理和分析。根据整理出的不安全行为及原因，从管理等角度分析改进行为的可行对策和措施。进而根据 ABC 分析结果进行行为安全管理。这方面的主要工作有：①针对员工的不安全行为及其原因和重要程度，加强 ABC 分析。从班组管理到现场作业，监控作业中的不安全行为，分析造成不安全行为的原因，制定消除不安全行为的有效措施。②加强煤矿生产现场的行为安全管理。煤矿负责人和技术人员根据行为安全调查结果及时采取管理和技术措施，发现并消除现场的行为安全隐患，减少对员工操作产生影响的不利因素。③强化安全责任制，建立健全考核体系，完善激励制度。建立行为安全管理制度，采用正强化手段实现员工行为的转变，通过考核评价规范和激励现场作业安全行为。④优化煤矿生产场所的建设和管理。积极改进生产场所的人性化设计，及时处理设备运行中出现的各种故障和危险，创造宜人的作业环境。⑤加强安全文化的建设。通过改善安全文化，提升行为安全管理水平。强调管理人员的示范引导作用，杜绝违章指挥等行为，及时了解并解决员工工作和生活中的各种心理和行为问题。

在王庄煤矿进行的基于 ABC 分析法的安全管理实践表明，应用 ABC 分析法针对引起煤矿工人不安全行为的因素进行行为安全管理后，能够使员工更加自觉地改进不安全行为，提高安全管理绩效。

本书得到太原理工大学煤炭产业科学发展研究中心开放基金、国家自然科学基金优秀青年科学基金（51422404）、山西省高等学校哲学社会科学研究项目（2015310）和山西省研究生教育改革研究课题（晋教研函〔2015〕3号）的资助，在此表示衷心感谢。本书具体分工如下：第 1、2 章由太原理工大学栗继祖撰写，第 3 章由太原理工大学冯国瑞撰写，第 4 章由太原理工大学刘佳撰写，第 5 章由太原理工大学禹敏、于跃、杨安妮、续婷妮、刘钰欣撰写，第 6 章由王庄煤矿杨建立以及太原理工大学冀巨海、王天日、刘效广、安婷玉撰写。全书由栗继祖负责统稿审定。

由于作者水平有限，书中不妥之处在所难免，敬请读者批评指正。

作　者

2017 年 5 月于太原

目　　录

第 1 章 绪 论

1.1 ABC 分析法应用背景

煤炭行业是我国国民经济的支柱产业,对国民经济增长作出了重要贡献,但同时煤炭行业也是我国工业生产中伤亡事故最严重的行业。2016 年数据显示,中国煤炭产量占全世界煤炭总产量的 47% 左右,而事故死亡人数却占全世界煤矿死亡总人数的 80% 左右。虽然多年来为了改善煤矿安全生产状况,进一步保障煤矿从业人员的生命和财产安全,国家加大了对煤矿的整合力度和监管力度,进一步完善了法律法规的建设,安全生产状况稍有好转,但是目前我国的煤矿安全生产形势依然十分严峻,尤其是与发达国家相比,我国的各项事故总量和死亡人数更是触目惊心。所以,保障煤矿安全生产仍然是当前所面临的重大挑战。

鉴于我国煤矿安全事故屡禁不止及其有较大的发生频率和危害程度,许多专家和学者开始试图分析、探讨和研究我国煤矿事故发生的真正原因,以便能更有效地减少矿难事故和死亡人数。表 1.1 为根据国家安全生产监督管理总局政府网站事故查询系统对 1982~2011 年 30 年我国煤矿重大事故发生的主要原因的详细分析。在所有导致我国煤矿重大事故的直接原因中,人因(将导致事故发生或者影响事故进程的事件因素中人或人的行为为主导因素的称为人因,含故意违章、管理失误、设计缺陷)所占比例实际上高达 96.5% 以上。由此可知,不安全行为是引起煤矿绝大多数事故发生的直接原因。所以,矿井作业人员的不安全行为是导致我国煤矿事故的主要致因。随着科技的发展,在复杂的人-机-环境系统中,设备的可靠性不断提高,运行环境也得到了较大的改善,由于人在生理、心理、社会和精神等方面的特点存在着较大的可塑性和难控性,所以由人因造成的事故越来越多。

美国矿山专家调查表明,因人的不安全行为导致的事故占矿山事故总数的 85%;据日本调查数据显示,因人的不安全行为而引起的事故占 96%;美国杜邦公司 1986~1995 年的统计结果也表明,其公司所发生的事故中有 96% 是由各种不安全行为造成的。

表 1.1　　1982～2011 年 30 年我国煤矿重大事故全面统计

原因	瓦斯爆炸	瓦斯突出	瓦斯中毒	煤尘爆炸	火灾	水灾	顶板	爆破	运输提升	机电	自身伤亡	其他	合计
故意违章/起	280	19	18	22	31	41	104	9	74	8	20	19	645
管理失误/起	210	52	48	13	24	134	121	14	15	12	9	32	684
设计缺陷/起	19	4	4	1	7	18	14	2	28	0	1	1	99
人因总计/起	509	75	70	36	62	193	239	25	117	20	30	52	1428
事故总计/起	531	83	72	37	65	200	244	25	117	20	31	55	1480
故意违章比例/%	52.7	22.9	25.0	59.4	47.7	20.5	42.6	36.0	63.3	40.0	64.5	34.5	43.6
管理失误比例/%	39.5	62.6	66.7	35.1	36.9	67.0	49.6	56.0	12.8	60.0	29.0	58.2	46.2
设计缺陷比例/%	3.6	4.8	5.5	2.7	10.7	9.0	5.7	8.0	23.9	0.0	3.2	1.8	6.7
人因比例/%	95.8	90.3	97.2	97.2	95.3	96.5	97.9	100.0	100.0	100.0	96.7	94.5	96.5

　　虽然目前行为安全管理已经得到了不少的研究和应用，但是 ABC 分析法作为行为安全管理中最重要的理论方法却没有发挥其在行为安全体系中应有的作用。在行为安全管理中大多数研究仅局限于对生产作业环节的不安全行为进行一般的定性分析，而在行为安全管理方面也仅从管理的角度出发对不安全行为进行惩罚教育，对安全行为进行鼓励和宣传。在控制不安全行为的对策方面，相关学者提出了塑造煤矿工人安全行为习惯、强化行为监管体系、加强安全培训等措施，但没有形成对煤矿工人安全行为的系统性成果，行为安全管理也因没有适当的、标准的管理对象而名存实亡。其原因归根结底是没有从工作现场中的不安全行为细节入手，运用正确的分析方法来探索不安全行为的根本原因，所以应从系统工程的角度出发，根据人因工程、组织行为学、工业工程、工效学等相关理论和行为改善方法建立改善修正机

制，制定出以人为本的安全、高效、质优及人-机-环境和谐相处的标准作业体系。该体系要想克服传统煤矿事故预防措施的局限性，就必须要找到一种新的、有效的方法。经过政府部门、法制部门、矿业部门和公众进行的关于事故的大量研究之后，ABC 分析法被确认为一种可有效构建煤矿工人行为安全标准作业体系的方法。

1.2　ABC 分析法

1.2.1　ABC 分析定义

ABC 分析即前因-行为-后果（activator，behavior，consequence，ABC）分析模式，它假设所有的行为都由一个或者多个行为前因激发，而且都有一个或者多个行为后果激励或阻止其再次发生。首先，应描述出不安全行为和行为者，以确定该行为的严重性；然后，对产生不安全行为的根本原因以及所产生的行为后果进行系统分析，并提出可行的解决方案。ABC 理论作为一种行为科学理论，对建立灵活有效的不安全行为管理方法具有十分重要的作用。

行为基础安全是利用 ABC 理论建立的安全行为方法。基于行为分析的激励-行为-后果模型频繁地运用于职业伤害预防中，并取得了成功。行为学家认为态度是很难直接显示的，而行为和态度是相互影响的，态度会随着行为的改变而变化，但行为是能够衡量和测量的，利用行为方法能够改变行为，影响态度。行为和态度之间的关系如图 1.1 所示。

图 1.1　行为和态度的关系图

1.2.2　ABC 理论模型

ABC 理论的主要内容是：由于激励或促动因子造成人的可见行为，从而产生一些积极和消极的结果及影响，运用干预的方法，对人的行为进行干预，形成某种期望的习惯，消除不安全行为。形成某种习惯的 ABC 模式如图 1.2 所示，ABC 理论模型如图 1.3 所示。其中，A 代表前因，对应于图

1.2 中的激励或促动因子，它出现在行为之前，促使、激励或鼓励人完成行为；B 代表行为，是可见的人的一系列由激励或促动因子导致的可测量动作；C 代表后果，是发生在行为之后并且能改变这些行为在将来重新发生的概率事件或促动因子。行为安全改善是利用 ABC 理论模型去面对并诱发改善行为，以"介入"的方式强化要进行的行为或改变不想进行的行为。也就是运用 ABC 分析法对不安全行为产生的根源进行分析，以便对其进行修正，从而彻底地从根本上排除不安全行为。

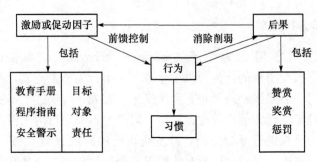

图 1.2　　形成某种习惯的 ABC 模式

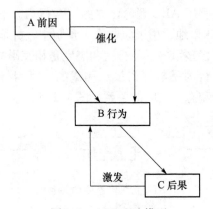

图 1.3　ABC 理论模型

1.2.3　ABC 分析的保障措施

依据 ABC 理论，要提高对个体不安全行为控制的效果，必须采取多样化的手段和措施，特别是要做到以下几点。

1. 加强员工的教育培训

一方面，做好专业性安全知识的培训，使员工了解所在工作场所可能遇到的危险因素、危害程度、事故预兆、防范措施以及事故后的应急措施等；另一方面，根据企业特点，制定和采取包括地面演练、技能比武等在内的多样化手段加强操作技能的培训。

2. 以人为本，加强正向激励方法的应用

对于在煤矿安全生产中涌现出来的先进员工予以一定程度的奖励，有助于树立榜样，引导"三违"人员的行为转变。有的煤矿以违章积分的手段代替罚款，也起到了良好的激励和促进作用。有的煤矿制定执行了安全处罚行政复议制度，使被处罚方有申辩的权利，体现了全体员工在安全管理上的平等性。在复议过程中，当事双方得到了互动学习，有效避免了类似行为的重复发生；同时，也能从根本上找出引发不安全行为的原因，从而使管理制度和作业环境更加完善，从源头消除诱发不安全行为的因素。

3. 注重行为观察和反馈

良好的安全生产行为管理体系离不开全员参与，通过建立安全行为观察和反馈制度，可使员工在工作中相互观察、主动分析，通过反馈调整个体行为或向组织反映对管理制度、方法的意见，而组织也可以通过反馈调整组织制度，实现安全管理效果的持续提高。有的煤矿为了转变员工不利于安全生产的习惯性行为，有针对性地引进、应用了专项拓展训练，对安全生产行为的养成起到了促进作用。

1.3 相 关 理 论

1.3.1 不安全行为理论

1. 不安全行为概念及特性

越来越多的学者投入到不安全行为的研究中，但是对于不安全行为的概念还没有形成统一的定义，各研究者都以自己的研究目的和方向对不安全行为进行各自的定义。根据相关文献，人们对不安全行为的定义分为以下几种情况。

　　从与人因失误的关系的角度进行定义，许多学者将人因失误等同于不安全行为。孙林岩[1]将不安全行为定义为可能提高系统风险性的人因失误。王泰[2]将不安全行为定义为在生产过程中由于人为因素产生的失误。陈红、祁慧等[3]将不安全行为定义为在生产过程中包含故意违章、设计不合理、管理欠缺在内的人为失误。

　　也有学者将其与违章行为或冒险行为联系起来。Bird认为，违反安全规程是导致不安全行为发生的可能原因。通过对照不安全行为的定义和违章行为的含义可知，两者的内涵基本相同[4]。在实际生产中，可能存在很多不安全行为，再多的安全规程也不可能囊括所有不安全行为，所以将不安全行为和违章行为等同起来，是一种不全面的定义。但是，这种定义很好理解，能够更好地融入人们的日常安全管理中，所以被人们广泛使用。

　　还有学者根据其与事故的关系进行定义。刘轶松[5]认为，行为安全与否是一个相对的概念，不安全行为并不是绝对的不安全，只是很容易导致事故的发生；安全行为也不代表绝对的安全，只是发生事故的概率比较小。曹庆仁[6]从实用的角度，将不安全行为与违章行为相联系，借鉴违章行为的内涵，认为不安全行为是可能引发事故的违章行为。周刚等[7]的侧重点不同，其不再关注所有的个体，而是把不安全行为的发生集中到曾经引发过事故或是已经引发过事故的少数人身上。

　　参照我国国家标准《企业职工伤亡事故分类标准》（GB 6441—1986），把不安全行为定义为能造成事故的人为错误。同样，在全国注册安全工程师执业资格考试辅导教材编审委员会编制的丛书[8]中认为，不安全行为是在人机系统中，员工的动作或行为超出或违背系统所认定的范围时出现的人的行为错误，或者说，人的不安全行为是指那些以前引发过事故或可能会引发事故的行为，它们是导致事故的直接原因。

　　根据上述学者的定义，结合煤矿工人的实际情况，本书将其不安全行为分为狭义和广义两种定义。狭义的不安全行为是指生产过程中违反劳动纪律、操作程序和方法等具有危险性的做法，已经造成危害或具有潜在危害的员工行为，如井下煤矿工人的误操作行为；而广义的不安全行为则是指生产过程中已经造成危害或具有潜在危害的一切行为，既包括已经造成危害或具有潜在危害的违反劳动纪律、操作程序和方法等具有危险性的员工行为，也包括已经造成危害或具有潜在危害的违章指挥和失职行为等组织者行为。

　　在我国国家标准《企业职工伤亡事故分类标准》（GB 6441—1986）中对不安全行为有一个简单的定义：不安全行为是指能造成事故的人为错误。

从上述不安全行为的概念可以看出，不安全行为具有几个显著特性：

(1) 相对性。不安全行为不是绝对的，它与安全行为之间是相对的关系，是相对某个特定的时空环境而言的。同样一种行为在某种环境中就是安全行为，而在另一种环境中就是不安全行为。

(2) 后果不一致性。不安全行为造成的后果不是唯一的，大体可分为三种：引发事故、扩大事故损失和没有造成事故。

(3) 难判断性。不安全行为的相对性和后果不一致性决定了其难判断性，由于不安全行为与安全行为之间没有严格的界限，所以在事故发生之前很难判断人的行为是否安全。在实际工作中，人们对不安全行为的判断是根据以往的事故经验以及由此总结出的安全行为进行判断的。由于不安全行为的后果不一致性，不能以行为的后果来判断，发生事故概率很大的某种行为偶尔一次没有引发事故同样是不安全行为，重复几次都没有引发事故的某种行为也不代表它是安全行为，因为一旦条件具备其就有可能引发事故。

(4) 普遍性。不安全行为是普遍存在的，有相当数量的不安全行为仅造成未遂事故或构成潜在失效。根据海因里希事故法则，无后果事故、轻微事故、严重事故的比例为 300∶29∶1[9]。这一比例说明某行为者在导致严重事故前已经历了数百次没有造成后果的事故或轻微事故，而在数百次无后果事故中每一次事故在发生之前已经反复出现了无数次不安全行为。因此，虽然时有违章，但并没有造成事故或损失，这就会给人们造成一种麻痹思想和侥幸心理，从而也就忽视了不安全行为的存在。

(5) 差异性。个人或群体、员工或领导，由于自身的责任、地位、认识等因素导致不安全行为的表现不同。

(6) 调节性。受思维、情感、意志等心理活动支配，也受教育、价值观的影响，人的不安全行为可以调节，安全意识可以提高。

(7) 可塑性。不同人或同一人在不同环境和时间里，对同一动作可表现出不同的安全程度。

2. 不安全行为影响因素

1) 基于内外因的不安全行为影响因素

根据安全行为科学的研究结果可知人的安全行为规律[10]。首先安全行为是一个过程，它是人对安全刺激的反应，人的肌体或感官器官接收到一定的安全刺激之后，经过人体系统的信息处理之后做出相应的反应，然后完成特定的安全目标，这个过程的几个环节是相互联系并且相互影响的。

安全行为科学研究成果得出人的安全行为一般规律为：安全行为是人对刺激的安全反应，也是经过一定的动作实现目标的过程。由此归纳出人的一般安全行为模式：刺激—人的肌体—安全行为的反应—安全目标完成。安全行为发生的几个环节是相互影响、相互联系、相互作用的。人的行为模式是一个不断循环的过程，具体的人的行为原理如图 1.4 所示。

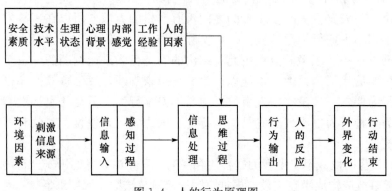

图 1.4　人的行为原理图

根据行为科学的原理，群体动力学理论的创始人心理学家勒温（Kurt Lewin）指出，个体行为的差异除了源于人的个体特征因素，更受其所处环境的影响。他将人的行为表示为

$$B = f(P \cdot E)$$

其中，B 表示个体的行为；f 是函数；P 是指个体的特征，即自身原因；E 是指个体所处环境，即外部条件。这说明导致人不安全行为产生的原因主要分为自身原因[11,12]和外部条件[13,14]。

2）基于个人、组织和情景拟合的不安全行为影响因素

部分学者在分析煤矿工人不安全行为的原因时，从人的个体因素、组织管理因素，以及人的个体因素、组织管理因素与外部环境相互作用时的因素三个方面来考虑，其中，把人自身的因素与外部环境相互作用形成的不安全行为称为情景拟合因素，从个体失误、组织管理失误和情景拟合失误三个方面对其影响因素进行细化分类。

（1）个体失误方面：从生理、心理、个人素质、疲劳和时间、故意违章几个方面来说明，如表 1.2 所示。

表 1.2 个体不安全影响因素分类表

主因素	子因素	关键词	举例
生理	个体尺寸	太大；太小；太高；太矮	身材矮小
	感官	视觉、听觉、味觉、触觉、嗅觉等障碍	听觉障碍
	思维	障碍；中断；无序	思维中断
	身体疾病	有，但没有发觉	感冒
	个人体质	运动机能不足	够不到；力量不够
	应变与自律能力	不足；差	抵抗力弱
	记忆力	记性不好；记不清楚	忘记先前行为
	注意力	注意力不集中；注意力分配差	心不在焉
	其他		
心理	情感情绪	不良情绪；起伏	心情低落
	动机	没有愿望或需求；不明确；太高	无动机
	不安全心理	逆反、从众、求快、侥幸、冒险、省能、厌倦、紧张等强烈心理	强烈的逆反心理
	心理承受能力	差；没有	无法承受心理压力
	其他		
个人素质	知识	没有；不够	知识不够
	年龄	太大；太小	太年轻
	技能/能力	没有；不足	能力有限
	经验	没有；不足	经验不足
	个性	太强；太弱；不合适	个性太要强
	责任心	没有；不强	毫无责任感
	社会角色	不当	角色不适宜场合
	自负/自信	没有；过度	过度自负
	其他		
疲劳和时间	疲劳	过度	长时间没有休息
	生物节律	混乱	时差颠倒
	其他		
故意违章	违反规定/违背自然规律	有意违反；利益驱使	急功近利
	其他		

（2）组织管理失误方面：组织管理失误主要考虑煤矿安全管理制度、标准与规程、计划任务、信息交流、组织决策、教育培训、安全文化氛围、事故反馈等几个因素的影响，如表 1.3 所示。

表 1.3 组织管理不安全影响因素分类表

主因素	子因素	关键词	举例
煤矿安全管理制度	国家法律法规	不完善;不执行	违法采掘
	企业制度	没有;不充分	忽视企业规定
	其他		
标准与规程	操作规程	没有;不充分	规定不充分
	其他		
计划任务	计划的质量和可用性	可用性差;指标不明确	步骤过于烦琐;实用性差
	任务的类型或属性	任务的重要度(高/低);相似任务区分率低	相似任务容易混淆
	同时的任务/目标	数目(太多/太少)	需要同时操作的任务太多
	计划的完备性	没有;不完备	计划准备不充分
	其他		
信息交流	上下级之间的沟通	没有;不充分	未及时下达上级命令
	部门之间的交流	没有;仅走形式	各部门工作不协调
	部门内部的交流	没有;仅走形式	员工合作少,各自蛮干
	其他		
组织决策	管理能力不足	失误;欠缺	组织者不能胜任管理工作
	责任意识	差;没有	没有责任意识
	其他		
教育培训	技能/知识培训	没有;不充分	没有操作技能培训
	练习/模拟	没有	没有进行模拟训练
	其他		
安全文化氛围	安全保障	欠缺;不足	缺少必要的安全保障设施
	价值观念	未形成;不合理	错误的价值观念导向
	行为规范模式	没有;限于文件	只存在于文件中,未落实
	工作认同感	无;很低	员工对工作的认同感很低
	其他		
事故反馈	文档管理	没有;不充分	文档记录不充分、不详细
	信息反馈整理	没有;不充分	未及时反馈整理信息
	操作监督	没有;不充分	没有操作监督
	其他		

(3) 情景拟合失误方面:按照情景拟合失误原因分析,从机器设备拟合、信号拟合、语言拟合、行为环境拟合和其他环境拟合几个方面来考虑,如表 1.4 所示。

表 1.4　情景拟合不安全因素分类表

主因素	子因素	关键词	举例
机器设备拟合	仪器仪表的控制	辨识错误；未发现	未看清仪表显示的数据
	操作器（手柄、按钮、开关等）	操作失误；不动作	混淆不同按钮的操作
	报警装置	误报；不报	人因误报警而错误行动
	其他		
信号拟合	视觉信号（如灯光、颜色的信号等）	模糊；看错	看不清信号的颜色
	声音信号（如"嘁嘁"声与"吱吱"声）	听不清；混淆	混淆不同声音信号指示
	其他		
语言拟合	语种（如英语、汉语、俄语等）	无法沟通；翻译错误	听不懂外国人讲的汉语
	方言差异	交流障碍	同一个词不同含义
	其他		
行为环境拟合	放射性	太强	放射性太强
	温度、湿度、压力、照明	太高（大、强）；太低（小、弱）	温度太高
	噪声	太大	噪声干扰太大
	振动	太大	振动太大
	障碍	太多	狭窄的工作空间
	其他		
其他环境拟合	认知、家庭、社会	不适当	家庭关系不和

1.3.2　安全心理学理论

1. 安全心理学概念

安全心理从简单意义来说，就是人们在特定的环境中从事物质生产活动过程所产生的一种特殊的心理活动。安全心理学就是运用心理学的基本原理和方法，研究人的安全心理现象和活动规律，评估和预测作业人员劳动行为的安全可靠性，并提出相应的对策和防范措施，以提高作业人员的安全意识，减少人的不安全行为，保证人身和设备安全，使生产得以安全进行的学科。此外，还应为事故后期处理中对人的心理创伤进行干预，并研究事故后人的心理状态并提出干预方法，以减少心理创伤。它的研究内容很广，主要包括：劳动者的一般心理现象、事故的心理动因、事故后人的心理状态、安全心理活动规律，以及个性心理对行为安全性的影响；生产管理者、领导者的心理素质与安全生产的关系；集团（群体）的激励对成员安全心理的影响；培养和促进人的安全心理；生产管理中的安全对策；事故发生后对人的心理创伤进行总结干预等。目的都是为制定和有效地实施安全规章制度提供科学依据，培养管理人员和作业人员的安全意识，提高企业安全生产管理水平，预防事故的发生以及将事故发生后的影响降到最低点[15]。

　　安全心理学是在心理学和安全科学的基础上，结合多种相关学科的成果而形成的一门独立的学科，它是一门应用心理学，也是一门新兴的边缘学科。其研究劳动生产过程中人的心理特点，探讨心理过程、个体心理与安全的关系，人-机-环境系统对劳动者的心理影响，人的失误模式在安全工作中的应用，事故发生后心理干预的作用，并提出安全管理的对策和预防事故的措施。

　　总而言之，研究探讨安全心理学的目的，主要是揭示人在安全活动中的心理需求和心理过程的特征，从而达到对人的心理和行为的合理调节，避免出现人员伤亡和财产的损失。安全心理学的产生和发展过程如图 1.5 所示。

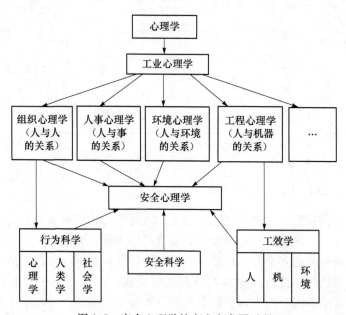

图 1.5　安全心理学的产生和发展过程

2. 安全心理学研究任务

安全心理学是用心理学的原理、规律解决劳动生产过程中与人的心理活动相关的安全问题，其任务是用心理学的原理和方法来达到减少生产中的伤亡事故的目的，并降低事故后对人的心理创伤：从心理学的角度分析事故的原因，研究人在劳动过程中心理活动的规律和心理状态，探讨人的行为特征、心理过程、心理状况、个性心理和安全的关系；发现和分析不安全心理因素、潜在的事故隐患与人们的心理活动的关系以及导致不安全行为的各种主观和客观因素；从心理学的角度提出有效的安全教育措施、组织措施和技术措施以预防事故的发生，确保人员的安全和生产的顺利进行；结合心理学上的心理诊断和干预方法对事故发生后的相关人员进行心理干预，防止事后人员的心理创伤进一步加重。安全与提高劳动生产率有着非常紧密的相关性，管理者必须尽一切可能为员工创造一个安全、健康和舒适的工作条件，只有在这样的条件下工作，他们才可以自由、顺利、高效地进行安全生产。事故的发生，不仅危害员工的身心健康和安全，还给受害者的家属带来极大的悲痛和伤害，事故后心理创伤仍然困扰着事故经历者，影响他们的正常生产、生活，并且给国家造成巨大的财产损失，严重影响生产发展和社会进步。因此，安全心理学的任务就是从心理学角度研究事故的原因、生产过程中的人的心理状态，探讨人的行为特征、心理过程、个性特征与安全的关系，发现不安全因素、事故隐患与人的心理活动的关系，从而从心理学的角度提出如何进行有效的安全教育和培训，疏导不正常的心理状态，培养与安全有关的良好的个性心理，以及在劳动组织、劳动制度、操作规程、机器（设备、工具、附件）、操作环境等工作和环境方面制定有效的防御措施和合适的设计，避免操作人员操作错误和不当行为的发生，预防事故的发生，确保人员的安全和生产顺利进行。安全心理学另一个重要的任务就是事故后对受害者、事故相关人员及其家属等的心理诊断和干预。

为完成上述任务，安全心理学必须研究下列六方面的具体内容。

1）使技术装备和机器适合人的心理特征

即增强人机的匹配性，为了使人能安全、高效、准确无误地操纵机器，机器（设备、工具、附件）的设计必须适应人的心理和生理特点。

2）使工作设计和环境设计适应人的心理特点

即达到人-机-环境的最佳匹配，如改进劳动组织，合理安排劳动分工、作息制度（包括适宜的轮班工作制），配置工作场所色彩，设计合适的工作空间，丰富工作内容，减少单调乏味的工作，制定最合适的劳动速度和工作量，播放恰当的音乐，建立良好的群体心理氛围等。

3）使人适应技术装备和工作的要求

这是要提前做好的筹备工作，包括工作人员的甄选（如在部门招收新员工时，应根据该职业所需具备的心理素质对求职者进行甄选），并在具体职业中得出与之匹配的心理特征，形成体系，依据现代心理学有关理论，加快新员工的职业培训和提高现有工人的技术水平、心理水平以及对训练的成效进行评估等。

4）使人在生产条件下相互适应

即人与人的协调性，如研究工作目的、需要、激励、士气、意见沟通、组织结构、领导作风和领导心理品质等，建立高效的生产集体。

5）建立行之有效的安全教育和培训方式

例如，根据心理学的规律提出切实可行的、不流于形式的安全教育方法，制定有效的安全标语，提高安全兴趣和自觉性，培养工人良好的安全习惯等。

6）形成一套较为全面的事故后安全心理干预的机制

在事故调查中增加心理状况总结一项，为安全心理学内容的完善提供数据依据。在处理这些问题时，首先，必须要研究人的心理过程的特点以及这些特点对员工个人的作用；其次，必须考虑个性心理以及某些个人生活方式的因素。同时要认识到，虽然心理学在研究事故原因和制定预防措施方面起着不可忽视的作用，但是在安全科学中，安全心理学是属于"软件"措施的范畴，不能取代各项原有的技术保障，尤其是安全技术方面的工作（如防火、防爆的技术措施，设备的安全装置等）。做好安全工作，如果不从落实组织措施、提高设备情况、加强企业管理、改善劳动环境条件、改善工艺流程、加强员工培训等预防和保护措施着手，空谈安全心理学是没有任何意义的。

1.3.3　安全行为学理论

安全行为学综合运用心理学、行为学、管理学、工效学等学科的原理、方法及手段，研究有关人的心理、生理、行为与安全的问题，揭示人在工作、生产环境中的行为规律，从安全管理的角度分析、预测和正确引导人的行为。安全行为学作为安全科学的一个分支，同时也是一门涉及安全学、心理学、社会学、行为学、工效学、组织行为学、管理学等与人的安全行为有关的学科理论的交叉边缘性学科。

1. 安全行为学研究对象

安全行为学是把社会学、心理学、生理学、人类学、文化学、经济学等多学科基础理论应用到安全管理和事故预防的活动之中，为保障人类安全、健康和安全生产服务的一门应用性科学。安全行为科学的研究对象是社会、企业或组织中人和人之间的相互关系以及与此相联系的安全行为现象，主要研究内容是个体安全行为、群体安全行为和领导安全行为等方面的理论和控制方法。

1）个体安全行为

个体心理是指人的心理。人既是自然的实体，又是社会的实体。个体是人的心理活动的承担者，个体心理包括个体心理活动过程和个体心理特征。个体心理活动过程是指认识过程、情感过程和意志过程；个性心理特征表现为个体的兴趣、爱好、需要、动机、信念、理想、气质、能力、性格等方面的倾向性和差异性。任何企业或组织都是由众多个体的人组合而成的，所有这些人都是有思想、有感情、有血有肉的有机体。但是，由于各人先天遗传素质的差别和后天所处社会环境及经历、文化教养的差别，人与人之间有个体差异，这种个体差异决定了个体安全行为的差异。

在一个企业或组织中由于人们分工不同，有领导者、管理人员、技术人员、服务人员以及各种不同工序的工人等不同层次和不同职责的划分，他们从事的劳动对象、劳动环境、劳动条件等方面也不一样，加上个体心理的差异，他们在安全管理过程中安全的心理活动必然是复杂的。因此，在分析人的个体差异和各种职务差异的基础上，了解和掌握人的个体安全心理活动，分析和研究个体安全心理规律，对了解安全行为、控制和调整安全管理是很重要的，这对于安全管理是最基础的工作之一。

2）群体安全行为

群体是一个介于组织与个人之间的人群结合体。这是指在组织机构中，由若干个人组成的为实现组织目标利益而相互信赖、相互影响、相互作用，并规定其成员行为规范所构成的人群结合体。

对于企业，群体构成了企业的基本单位。现代企业都是由大小不同、多少不一的群体组成的，群体的重要特征表现为：各成员相互依赖，在心理上彼此意识到对方；各成员之间在行为上相互作用，彼此影响；各成员有"我们同属于一群"的感受，实际上也就是彼此之间有共同的目标或需要的联合体。从群体形成的内容上分析可知，任何一个群体的存在都包含三个相关联的内在要素，即相互作用、活动与群体心理。相互作用是指人们在活动中相互之间发生的语言沟通与接触。活动是指人们所从事的工作的总和，包括行走、谈话、坐、吃、睡、劳动等，这些活动直接被人们感受到。群体心理是指人们内心世界的感情与思想过程。在群体内，情绪主要是指人们的态度、情感、意见和信念等。

群体的作用是将个体的力量组合成新的力量，以满足群体成员的心理需求，其中最重要的是使成员获得安全感。在一个群体中，人们具有共同的目标与利益。在劳动过程中，群体的需求很可能具有某一方面的共同性，即劳动对象相同、工作内容相似、劳动方式一样，或者劳动在一个环境之中及具有同样的劳动条件等。他们的安全心理虽然具有不同的个性倾向，但也会有一定的共性。分析、研究和掌握群体安全心理活动状况是搞好安全管理的重要条件。

3）领导安全行为

在企业或组织各种影响人积极性的因素中，领导行为是一个关键性因素。因为不同的领导的心理与行为，会造成企业不同的社会心理氛围，从而影响企业员工的积极性。有效的领导是企业或组织取得成功的一个重要条件。管理心理学家认为，领导是一种行为与影响力，不仅指个人的职位，还包括指引导和影响他人或集体在一定条件下向组织目标迈进的行动过程。领导与领导者是两个不同的概念，它们之间既有联系又有区别，领导是领导者的行为。促进集体和个人共同努力，实现企业目标的全过程，即领导；而致力于实现这个过程的人，则为领导者。领导者是搞好安全管理的关键因素，分析、研究领导安全行为，是安全管理的重要内容。探讨在特定的工作、生产环境中人的安全行为的内在规律，通过分析和研究人的安全行为特性，有助于提高分析、预测、调控和改变人们工作中安全行为的能力，从而提高安全管理效能，达到安全生产的目的。

2. 安全行为学基本内容

第一，行为科学理论与安全行为在安全领域中运用行为科学关于个体行为、群体行为、领导行为和组织行为的理论研究人的行为规律，对激励安全行为、避免不安全行为、预防事故的发生具有极其重要的作用。

第二，安全行为科学研究人的失误问题，主要对人的失误控制理论和控制对策进行研究。其内容包括：需要、习惯、激励因素、安全态度、情绪、人际关系、群体行为、个性及个人社会生活背景等对人的失误的影响；对不同年龄段员工的行为、习惯、倾向与规律分析，对人的失误进行分类，针对各种失误类型研究控制人为过失的各种行为管理理论和具体控制对策；研究增强人的可靠性问题的理论和措施，研究预测人的失误率的理论和方法等；提高行为安全管理水平，降低人为因素造成的事故。

第三，对员工的职业适应性研究是安全行为科学的基本内容之一。个体特征的差异及员工对所从事职业的适应性与事故发生率有极其密切的关系。此领域的研究应根据安全行为科学有关的研究方法进行，即在个性及个性理论研究的基础上，对人的心理、体能进行分析、测定与评定，需研究制定对人的心理特征、体能的测定表、量度方法或评定标准等。

第四，研究社会文化对人们安全意识与行为的影响。社会道德规范、人的价值观念和交往方式等都体现着不同地域、不同国家和民族自己的社会文化特点。这些文化在世代传递中不断地影响着人们的心理和行为，不可避免地影响着人的安全意识与行为。

第五，相关学科及相关理论的借鉴研究，有助于扩大安全行为学的研究领域。

第六，安全行为科学要充分应用计算机技术，解决目前复杂安全行为数据的处理问题。

3. 安全行为科学研究任务

安全行为科学的基本任务是通过对安全活动中各种与安全相关的人的行为规律的揭示，有针对性地建立科学的安全行为管理理论，并应用于提高安全管理工作的效率，从而合理地安排人类的生产活动，实现高水平的安全生产和安全生活。

1.3.4　激励理论

在经济发展的过程中，劳动分工与交易的出现带来了激励问题。激励理论是处理需要、动机、目标和行为四者之间关系的核心理论。人的动机来自需要，由需要确定人们的行为目标，激励则作用于人的内心活动，激发、驱动和强化人的行为。行为学家把激励分为外予的激励和内滋的激励。外予的激励是通过外部推动力来引发人的行为，最常见的是用金钱作为诱因，此外还有提高福利待遇、职务升迁、表扬、信任等手段；内滋的激励是通过人的内部力量来激发人的行为，如学习新知识、获得自由、自我尊重、发挥智力潜能、解决疑难问题、实现自己的抱负等。这些激励不是由外部给予的，而是自己给自己的激励。外予的激励和内滋的激励虽然都能激励人的行为，但后者具有更持久的推动力。前者虽然能激发人的行为，但在很多情况下并不是建立在自觉自愿基础之上的；后者对人的行为的激发则完全建立在自觉自愿的基础上，它能使人对自己的行为进行自我指导、自我监督和自我控制。

1. 激励在煤矿安全管理中的作用

煤矿安全是一个诸多因素综合作用的系统工程。简单地说，主要是由人、机、环境三个因素决定的，在这些因素中，人起主导作用。因此，在最大限度地利用当前技术经济条件改善机械和环境因素的前提下，如何加强安全组织管理，充分发挥人的安全生产技术技能，提高安全意识，调动安全积极性，使人、机、环境有机配合达到控制事故的目的，就成为搞好煤矿安全生产的关键。

根据激励理论可知，人的积极性是依据人的需要，由自我激励和外界激励而激发出来的。激励是组织行为学的核心问题，它贯穿于个体心理和行为研究、领导心理和行为研究以及整个组织心理和行为研究的全过程之中。为了有效地实现既定目标，不仅个体需要激励，群体、领导和组织都需要激励，将激励理论灵活应用于煤矿安全管理，有效地激发并发挥各级组织、领导及全体员工在安全生产中的能动性，是目前煤矿安全科学管理中的最根本的措施。

根据激励理论，激励就是鼓励，是指激发人的动机、诱导人的行为，使其发挥内在的潜力，为实现追求目标而努力的过程。简言之就是调动和发挥人的主观能动性和积极性。心理学研究表明，人的动机是其所体验的某种未满足的需要或未达到的目标所引起的。这种需要既可以是生理或物质上的，也可以是心理或精神上的。在现实情况中，人的需要往往不止一种，其需求强弱也随时会发生变化。在任何时候，一个人的行为动机都要受其全部需要结构中最重要、最强烈的需要支配、决定，这种需要就是优势需要。人的一切行为都是由其优势需要引发、为满足这种优势需要目标而努力的。

由激励理论可知，人的最基本的需要可以归纳为生理、安全、交往、尊重和自我实现五类。不同的人在不同时期对各类需要的强弱不同。煤矿安全直接关系到人的安全，本来是每个人最起码的需要，但各人在不同的环境和时期内，安全也许不是优势需要。例如，大张旗鼓地刺激生产时，员工往往将《煤矿安全规程》等置于脑后；没有看到事故危险时，也许还在盲目作业；当工程质量不合格所受惩罚比多出煤或多进尺而获得的收益还少时，以及当事故责任人受到的处罚比其获得的收益少时，安全和质量就不可能成为其优势需要，这时人们往往容易忽视安全。

因此，将激励理论应用于煤矿安全管理，最根本的就是要在煤矿安全管理中科学地采取行政、经济、法律等多种手段，使安全工作始终成为各级领导和广大员工自己的优势需要，使"安全第一"真正成为每个人的自觉行为。有效的激励，一是确实了解员工当前的优势需要，并设法尽可能创造条件去满足这些需要；二是制定切实可行的目标和适当的考核标准，使每个员工的激励程度达到最大；三是加强外部控制，依据强化理论实行强化；四是运用公平理论和挫折理论消除不公平和处理好挫折。煤矿安全管理中的激励措施，必须以上述理论为指导，制定科学、安全的管理办法，采用科学的手段，多渠道、全方位地调动全员安全生产积极性，使每个员工最大限度地发挥其主观能动性和创造性。

2. 煤矿安全行为激励体系构建

对于煤矿企业，安全激励就是要调动员工重视安全生产、杜绝事故发生的积极性。在实践中，煤矿企业要通过以下手段实施安全激励机制，提高员工安全意识，调动员工的积极性。

1) 从人的角度出发，建立以人为本的激励机制

人是最重要、第一位的资源，也是最需要尊重、理解和激励的。安全首先要保护人的生命与身心健康，其次才是保护财产等其他资源，因此，在安全中，人始终是处在第一位的。

激励理论是研究人的需要、动机、目标和行为规律，以激发和控制人的良好工作行为的理论[16]。激励以人的需要为突破口，通过满足人的需要来激发其工作的积极性，从而达到目标。目标一旦达到，需要得到满足，激励过程也就完成。这时另一种需要就会强烈起来，于是行为发生新的变化，指向下一个目标。并不是所有的目标都能达到，当人的行为受挫时，就有可能达不到目标，甚至不得不放弃目标或改变目标的方向。行为激励过程如图1.6所示。从安全角度出发，人既是管理的主体，也是管理的客体；既是事故的受害者，在大多数情况下也是事故的主要触发者。任一系统安全管理功能和目的的实现都离不开对个体——各个层次（决策、执行、操作层）人的激励与控制。

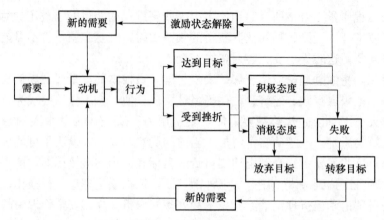

图 1.6　行为激励过程

因此，在煤矿企业实施激励机制，首先要分析和了解员工最需要什么，进而想方设法地用一定的形式去满足其需求。针对不同类型、不同层次的员工的内心需要，要采取不同的、适合其要求的激励因素和激励措施，采取有效的激励形式，从而使各层次员工都能发挥其技术和才能。

2）采取多样化的激励方式，建立物质激励与精神激励相结合的全方位激励模式

人的基础层次的需求是物质需求，一般来说，物质需求满足程度越高，人们的工作积极性就越高，激励效果就越明显。员工的首位需要仍是经济需要，因此物质激励仍是一种重要的手段。但是，人的价值、尊严是人生中最为重要的精神依托，尊重人的价值和尊严所焕发出来的积极性要比用金钱、物质调动出的积极性大得多，也持久得多。随着员工的需求进入尊重和自我实现的层次，采用简单的物质奖励和经济手段已难以奏效。重物质轻精神不行，重精神轻物质同样不行，因此在激励时必须将物质与精神进行科学而有机的结合，在形式上丰富多样，这样才能保证实现激励效应动态化、最大化。在物质激励的基础上，坚持正面激励，采取赞扬和表扬的原则，尊重各级员工的价值取向和独立人格，尤其是尊重基层员工和普通员工，让员工的自我价值在工作中得到肯定，这样人们就会对工作充满热情，才能相互合作。

3）营造安全工作环境，加强安全教育与培训

管理学认为，在组织外部环境既定的情况下，工作绩效主要取决于工作环境（条件）、工作能力和积极性；安全生产则主要取决于作业环境（条

件）、安全操作技能和积极性。维系安全生产是一个系统工程。用安全激励奖调动人们防范事故的积极性，只是实现了安全生产绩效的一个可控因素，而其他两个因素，即安全的作业环境保障和安全操作技能培训与考核，则与组织本身直接相关。一旦作业者发现自己使用的是不安全的装置和设备，即使遵守操作规程，面对公司的激励制度，也会产生紧张和不安全感。所以，安全激励必须与改善工作环境、加强安全建设与检查同步进行，组织必须提供安全的作业环境，保护作业者的生命财产安全。

随着现代技术的日趋复杂和对作业管理水平要求的提高，企业领导者必须意识到，只有不断提高员工的科学文化素质、安全技能及安全意识，发挥员工的潜能，才能从根本上增强煤矿企业的事故防范能力和安全生产水平。因此，要坚持不懈地对员工进行安全培训与教育，特别要在组织中提倡获奖者与组织成员共同分享自己在安全生产中的切身体会、经验、教训与技能，向安全模范典型学习，以激励员工的安全责任心和上进心，对安全生产产生良好的促进作用，从而提高组织整体的安全管理与事故防范水平。

4）运用强化激励，强化人的正行为，矫正人的负行为

人的行为受诸多不可确定因素的影响，所以可以分为正行为（即合乎各项法规制度，并能产生同"需要"一致且良好结果的行为）和负行为（即违背法规制度，造成了无法满足"需要"且不良后果的行为）。在煤矿安全生产中，正行为是指人的安全行为，负行为是指人的不安全行为。负行为不仅不能满足需要，而且还会导致恶劣的后果。实证研究表明，在人类激励中使用行为矫正的方法，带来了令人印象深刻的绩效增长[17]。因此，煤矿企业安全管理者可以通过积极事件和消极事件运用或抑制行为结果的方式来塑造行为，即运用正面强化、惩罚、废止、负面强化等方法来影响行为的性质和方向。运用积极事件和消极事件的正面强化与负面强化来增加员工的安全行为，抑制和减少不安全行为。

5）加强高中层安全管理者激励，培养高素质安全管理人员

在以往的激励工作中，凡是涉及激励，往往着眼于对一般员工、操作层的奖惩和精神激励，而对于企业的高中层管理人员及企业经营者则缺乏理论探讨和实践。实际上，对于普通员工的激励，是较为容易而次要的。相对来说，企业高中层安全管理人员的工作是一个复杂动态的系统，其影响因素往往是多维因素非线性作用的结果。因此，对于高中层安全管理人员的激励和诱导相对复杂而重要。我国煤矿企业一线生产工人整体素质较低，高中层安全管理人才缺乏，安全管理基础薄弱，管理水平不高。因此，应加快建立全

员化、制度化的培训体系，并把经营者和高中层管理人员的培训放在重要位置，培养一批高素质的安全管理人员、技术专家和业务专家。

1.3.5 工业工程理论

1. 工业工程理论及方法

工业工程（industrial engineering，IE）形成于 19 世纪末 20 世纪初美国泰勒等的科学管理运动。关于它的定义有很多，其中以美国工业工程师学会（American Institute of Industrial Engineers，AIIE）的定义最具权威性[18,19]："工业工程是研究由人、物料、设备、能源和信息所组成的集成系统的设计、改善和设置的工程技术。它应用数学、物理学等自然科学和社会科学方面的专门知识和技术，以及工程分析和设计的原理和方法来确定、预测和评价该系统所取得的成果"。其宗旨是降低生产成本、保证质量、提高劳动生产率，使生产系统能够处于最佳运行状态而获得巨大整体效益。在工业工程的发展实践中，已形成了许多具有通用性、能较好地体现系统工程思想及过程的基本方法，如系统分析、系统优化、仿真、评价技术、系统设计方法、创造性技术、系统图表法以及计算机系统支持技术等。这些方法或技术在现代工业工程中具有重要的方法论意义，是各种工业工程专门技术的基础[20]。

2. 工业工程方法的特点

工业工程方法是对人员、物料、设备、环境等组成的生产系统进行系统规划与设计、评价与改善的专门化综合技术，它综合运用物理学、工程学、管理学等学科和技术手段，对生产系统进行分析改进，对生产要素进行优化配置，从而达到提高生产效率和经济效益、降低劳动强度和事故风险的目的。

1）系统的思想

工业工程的指导思想是生产或经营活动系统的整体效益最大化，在实施过程中用系统的、整体的观点和方法，对生产作业系统进行统筹规划、综合平衡，以充分发挥系统的整体效益。首先着眼于整个工作系统、生产系统的整体优化（程序分析），然后深入地解决局部问题（操作分析），进而解决微观问题（动作分析），从而达到系统整体优化的目的。煤矿生产是一个复杂的系统，涉及采、掘、机、运、通等各个方面，一个系统出现短板或效率低下，将影响整个矿井的安全生产，这就需要采用工业工程的方法对矿井生产系统进行分析，找出瓶颈，进行改进。

2）技术与管理集成的思想

工业工程最重要的特点是采用工程技术方法研究和解决生产过程和管理行为中存在的问题，而具体实施中，则是站在全局管理的角度进行分析、设计、改造和控制系统的运行行为，以求整体最优。因此，工业工程是技术和管理紧密结合的工程学科，实施工业工程改进的人员一定是既懂管理又懂技术的复合型专业技术人才。

3）注重持续改进，不断创新

工业工程的方法认为，生产过程的不同阶段均有需要改进的地方，不能满足于现行的方法，应不断创新，不断持续地加以改进，实现生产效率的持续提高和成本的持续下降。

4）力求节约的原则

力求节约、降低浪费是工业工程一个重要原则，立足内部资源，鼓励采用"小改小革"，争取在最少投资的情况下，获得最大的经济效益。

5）确保安全的理念

工业工程方法实施的前提是保证安全，通过"5S"等理念和方法，对现场进行改进，清除不必要的杂物，保持现场井然有序，可以达到提高效率、降低工人劳动强度的目的，同时也可以对作业环境进行改善，使劳动者处于轻松、舒适的环境之中，达到安全生产的目的[21]。

3. 工业工程技术在构建本质安全煤矿中的应用

1）实现系统整体优化

运用设计、改善类技术，对煤矿安全生产系统进行设计和改善，实现系统的整体优化。具体地讲，就是通过深入研究、分析和评估，对煤矿生产系统的每个组成部分进行设计（包括再设计、再创新），再将各个组成部分恰当地综合起来，设计出系统整体，以实现生产要素合理配置、优化运行，不但追求低成本、低消耗、准时、高效地完成生产任务，更要保证生产系统的安全性。主要技术如下：

一是工作研究。根据《煤矿安全规程》的规定，结合地质开采条件、工程内容、系统和工艺要求等，进行采矿作业的方法和动作研究，科学编写作业规程。

二是设施设计与物流系统技术，又称物流工程。该技术主要是解决矿井生产与管理过程中空间组织和物料的过程控制与改善问题。通过消除物的安全隐患，提高本质安全水平，使系统或生产中发生事故的可能性降到最低，并使安全状况达到最佳。

三是人机工程，又称人因工程或工效学。包括作业环境优化、生物力学、人体测量、安全生产、职业卫生与医学等，通过对作业中人体机能、能量消耗、心理反应、人为差错及光线、声响、湿度等环境因素与绩效关系的研究，解决矿井人-机-环境系统的设计与改善。

四是组织设计。即企业组织与管理过程的设计与改善，减少由组织管理造成的冲突和矛盾。

2）系统的科学分析

一是可靠性工程，用于企业生产系统的可靠性分析。在煤矿生产系统的所有性能中，可靠性是最基本的。只有可靠性得到了保证，安全、高效、低耗及其他性能才能得到充分地发挥与体现。通过运用可靠性理论及技术，可以全面评价并不断提高煤矿系统的安全可靠性。

二是人力资源管理，解决人力资源的有效使用与考核培训等。煤矿工人平均文化程度不高、整体素质偏低，是煤矿事故多发的一个重要原因，而工业工程不同于其他工程学科的最主要区别是强调和重视人的要素。可运用工业工程关于"人的因素"原则开展培训和团队活动，从根本上避免人的不安全行为的发生。在做好员工的业务技能培训的同时，运用工业工程的关于员工激励的方法建立合理化建议系统，调动员工的主观能动性和工作积极性，对矿井生产系统开展全员安全管理。

三是不确定性理论，包括概率论、可信性理论、信赖性理论等，用于处理煤矿生产系统中存在的各种不确定性因素，使评价和决策更加科学化。

四是工程经济，用于工程项目、设备、产品经济效益分析，投资分析与决策等。

3）系统的有效控制

运用管理控制类技术，对系统过程进行有效控制，实现预定目标。生产现场管理混乱、各种安全制度执行流于形式，是导致煤矿事故的一个重要原因。因此，在实现生产系统整体优化的基础上，还必须加强生产过程的管理和控制。主要技术如下：

一是现场管理，煤矿安全管理的重点在生产作业现场，优化现场管理是应用工业工程的突破口。通过运用"5S"现场管理方法，改善生产现场环境，完善设备定置管理，营造良好的安全生产环境，消除物的不安全状态，控制人的不安全行为，杜绝违章作业、违章指挥的现象。

二是防错技术，保证员工在误操作情况下不发生人身伤害事故。防错技术有很强的工程技术特色，包含管理的思想和理念，是一项系统的工程，在复杂多变的井下作业环境中，具有特殊的应用价值。

三是生产计划与作业控制，用于生产过程及各种资源的组织、计划、调度和控制，包括生产系统的分析与设计、生产过程的计划与控制、库存管理、维修计划与控制、生产能力的测定与管理等，确保煤矿生产有序高效。

四是信息控制，通过设计运行安全管理信息系统，实现对煤矿安全信息的收集、处理和高效应用，控制系统的行为和状态。

1.3.6　工效学理论

工效学（ergonomics）是研究人在某种工作环境中解剖学的、生理学的、心理学的各个方面相互影响规律的一门科学。一般是指研究人、机器和环境这三个要素的交互作用，以及在工作条件下如何把工作效率、人体健康维持在一个假定目标水平上的协调过程，即达到人机系统的协调。工效学吸收了自然科学和社会科学的广泛知识内容，如解剖学、生理学、心理学、卫生学、工程学、统计学、社会学等学科的理论技术和知识，形成了本门学科的特点[22]。由于理解和研究的侧重点不同，各国对工效学采用了不同的名称，如人机学、人体工程学、人类因素学及工效学等。

1. 工效学研究目的

工效学的研究目的是使各种作业的生产方式、操作方法和劳动休息制度适合人的身体条件和要求，保证人在工作中的安全、健康和舒适，使人不仅在短时间内有效地工作，而且在长时期内也不会出现对健康的不利影响。

2. 工效学研究内容

工效学的研究内容包括：研究人体体型和肢体尺寸大小；研究人体生物力学原理，为人在劳动中合理用力、有效操作及防止疲劳提供理论基础，并且也为机器设备及工具的合理设计提供依据；研究机器设备及工具的设计如何适用于人的体型及其生理、心理特点，以达到便于操作、减轻体力负荷和保持良好的工作姿势的目的；研究仪表、显示器和控制器的类型、结构及配置方式，使其适应人的感官特性而且操作方便；研究工作处所的合理设计，控制工作环境中的有害因素，如噪声、振动、粉尘、有害气体等，使其达到无害的程度，改善工作场所的照明条件[23]。

在人机系统中，人体各部分的尺寸，人的视觉和听觉的正常生理值，人在工作时的姿势，人体活动范围、动作节奏和速度，劳动条件引起工作疲劳的程度，以及人的能量消耗和补充；机器的显示器、控制器（把手、操纵杆、驾驶盘、按钮的结构形式和色调等）和其他与人发生联系的各种装备（桌、椅、工作台等）；所处环境的温度、湿度、声响、振动、照明、色彩、气味等都会影响人的工作效率。而工效学正是研究它们之间的关系。工效学还研究人的工作行为和产生行为差异的各种因素，这些因素包括：年龄、性别、个人的智力和文化技术水平、工作兴趣和工作动机、性格特点、工作情绪等主观因素。同时，工效学还研究所处环境、设备性能、工作条件等客观因素以及人群关系、组织作风等社会性因素，这些因素使人的能力互不相同，对系统的适应程度也各有差异[24]。

工效学还强调人有产生错误行为的可能性，良好的人-机-环境系统有助于减少操作人员失误的客观因素，并有利于预防和减少由于主观因素或社会性因素造成的失误。为实现人-机-环境系统的整体效果，还需要选择具有一定素质的操作人员，并给予适当的训练，使他们学会操作和维护这个系统。操作人员必须遵守操作规程，制定的操作规程应符合操作人员的生理和心理特点。

1.3.7　组织行为学理论

1. 组织行为学的概念

组织行为学是研究人和组织之间各种关系的学科，延伸到企业就是研究员工在企业中的各种行为。通过分析察觉员工的心理与行为规律，来提高对员工基本情况的把握。而企业中的员工心理和行为可以分为个体心理和行为、群体心理和行为以及组织心理和行为三个方面。

1）个体心理和行为

这个方面主要研究个体的能力、个性、价值观、知觉和劳动态度等员工自身的行为内容。其中的能力主要是反映企业中的员工完成工作任务的能力。企业要采用合适的方法激发员工的潜在能力，提高员工的职业归属感，这样才能够提高绩效。个体心理与行为研究的几个方面，基本囊括了员工的行为和思想。企业的管理要提高绩效，要激发员工的工作效率，只有抓住员工的思想与行为才会有收效，才可能达到预期的目标和效益。

2）群体心理和行为

企业中的群体是指企业中的所有人，大家为了一个共同的目标，彼此之间相互联系、相互作用以及相互依存，建立起一个有机整体。与个体相比，群体更具有重要性，是企业管理能够提高绩效的关键点。群体主要是由群体的外部条件、群体的结构、群体的特征以及群体的任务等各个因素决定的。

3）组织心理和行为

企业中的员工彼此之间具有一定的相互关系，这些员工有亲近或者疏远的区别，这样就会产生出多个不同的群体。如果要有效地提高管理目标，就需要行为组织。企业中的组织就是企业管理部门。组织者要研究每个群体的行为和心理，让管理者能够掌握群体的行为，并且还要进行行之有效的控制与协调。作为企业中的组织者，必须要从形态与功能上确保组织运行的正常性、有效性，要让这个组织能满足内部功能，也要适应外部条件。同时，组织的心理与行为包含了领导层的心理与行为，领导的方式是否合理直接影响着组织最终的绩效。因此，组织心理和行为在整个组织行为学中占据的位置可想而知。

2. 组织行为学在企业管理中的作用体现

随着经济社会的发展，特别是进入市场经济以来，企业的用人发生了大幅度的变革。企业中的员工具有自己的人身自由，可以任意选择企业，许多企业已经认识到员工是企业的财富。因此，企业的人力资源就引入组织行为学，以提高企业整体安全和效益。

1）强调管理层的技能

当前，伴随着组织行为学的引入，企业的发展一改过去的模式，迎来了新的发展格局，也就是生产、销售一体化。新的格局给企业的最高层领导带来了新的机遇，领导的魅力与远见在很大程度上决定了企业的发展。同时，领导层的人才观决定了优秀人才的引入，以及企业中的员工是否有满意感。

2）提升企业中员工的公平感

事实上，组织都是由一个一个的群体与团队形成的。在这些群体与团队之中，公平感是十分重要的。如果某一个群体中的成员缺乏公平感，那么就会降低他们的工作积极性和工作效率，甚至可能导致员工离开。公平感问题得到了许多企业管理层的重视，但认识度还不是很高。许多管理层认为只要将薪资放在首位，就能够体现出公平感。其实不然，经过研究发现，有

37％的人离开过去的企业，并不是因为薪资原因，而是感觉自己在企业中的付出没有得到公平的对待。因此，企业中只有建立起公平感，才能提高员工的工作积极性，使他们安心工作。

3）提高组织的凝聚力

一个企业要高速发展，就必须要加强企业的凝聚力。因为只有有了凝聚力才能提高员工的工作积极性，才能提高工作效率。就犹如在战场上，如果所有的战士思想涣散、毫无战意，那么最终的结果可想而知。因此，只有高凝聚力才能实现高绩效，也才能达到最高的生产率。因此，企业中的人力资源部门一定要重视凝聚力，实施有效的手段来提高企业员工的凝聚力，这样才能提高企业的整体水平和效益。

1.4　ABC 分析法研究现状

1.4.1　国外 ABC 分析法的研究现状

近几年，经济社会不断发展的同时安全事故也在频繁发生，事故尤其是伤亡事故给人们生活带来了极大的灾难和损失，而且大量的研究充分表明，人的因素是造成安全事故的主要原因。在探索对不安全行为的控制的过程中，诞生了一种广泛应用的行为安全（BBS）管理，而 ABC 分析是作为行为安全管理最重要的理论同时诞生的，虽然它已经在多个领域应用，但是到目前还没有把 ABC 分析法应用到煤矿安全行为的控制和管理中。

国外对于 ABC 分析法的研究是伴随着 20 世纪 90 年代美国等现代化工业国家广泛兴起的一种行为安全管理方法而开始的。随着行为安全管理在欧美及澳大利亚等国家和地区的建筑、石油、机械、核电、交通、化工、矿业等行业的广泛应用，ABC 分析法也随之产生，它是行为安全管理的核心理论，并迅速得到广泛的应用。ABC 分析法最早是在 1944 年首次被弗吉尼亚理工大学 Geller 教授在 Skinner 研究的行为科学的基础上提出的，截至目前已有多部著作专门介绍 ABC 分析法的原则和详细过程[25]。Geller[26]在其著作中介绍基础行为安全步骤中的第二步时重点介绍了 ABC 分析法的运用方式，之后他在探讨更有效的方法促进工人的健康和安全的过程中进一步证明了 ABC 分析法在保证安全、减少危害方面的特殊作用。

Williams 等[27]把 ABC 分析法作为解决不安全行为的关键方法来研究。

Krause[28,29]通过应用 ABC 分析法来指导员工的安全行为，并研究了

ABC 分析法在安全文化构建方面的探索。

DePasquale 等[30]在研究行为安全的关键因素时列举了 ABC 分析法在预防意外伤害方面应用的成功案例。

Grindle、Dickinson 和 Boettcher[31]在对制造工厂的调查中也发现了 ABC 分析法被成功应用到行为安全的建设中。

Azaroff 和 Austin[32]通过一项专业调查证明了 ABC 分析法在减少伤害方面的实践价值。

Geller 等[33]在行为分析和环境保护的研究中把 ABC 分析法应用于环境保护，结果证明此行为分析方法在解决环境问题中也发挥了积极的作用。

Al-Hemoud 和 Al-Asfoor[34]通过在一个调查机构所做的实验来研究行为安全过程的框架，同时总结出了用 ABC 分析法可以有效地阻止事故的发生。

Dağdeviren 和 Yüksel[35]把 ABC 分析法应用在制造企业的安全之中，并把这个分析方法在制造工厂实施，结果员工的不安全行为在发生之前得到控制，并且提高了作业系统的安全性。

Christian 等[36]用 ABC 分析法对作业现场进行分析，研究在作业现场安全中人的作用和环境因素的影响。

Fogarty 和 Shaw[37]用 ABC 分析法研究气候和飞行人员的行为之间的关系，把行为分析方法应用到航空领域，证明了心理作用经常是和事故的发生相联系的。

Muthuveloo 等[38]通过对印度不同制造企业一线生产工人的调查，研究起因（A）和事件的后果（C）之间的关系以及起因（A）和行为（B）之间的直接关系，结果证明工作场所整体的安全氛围对工人的行为安全起着至关重要的作用。

Olson 和 Austin[39]对公共汽车操作人员进行 ABC 分析，并对其作业过程进行介入和指导，以此来提高安全行为并探索最佳的操作实践过程。

1.4.2　国内 ABC 分析法的研究现状

目前，国内对于行为安全管理的研究才刚刚起步，所以对 ABC 分析法的应用和研究很少，而且目前只见在冶金、铁路、煤矿和石油行业的应用，还没有形成一个单独的研究体系，大部分对 ABC 分析法的研究都仅仅是在行为安全管理的过程描述中简单提及，缺乏更加详细、系统的研究和更加广泛、有深度的应用。

马兰珍[40]认为，ABC 分析法在现代管理中有着较强的应用价值及理论意义。

范广进[41]采用 ABC 分析法，通过实施行为安全管理，可以强化安全行为、弱化不安全行为，逐步形成良好的铁路安全文化。

赵淑梅和贾明涛[42]认为，人的行为具有可观察性和可测量性，因此人的行为是可以管理的。选择行为安全管理模式，首先要对有风险的行为做出界定，即定义关键的不安全行为，并对这些危险行为进行 ABC 分析。后果对行为有重要影响，它会增加或降低行为再次发生的可能，因此后果可以再次成为前因。前因、行为和后果是相互影响、相互作用的，因此 ABC 分析是一个不间断的过程。对人进行 ABC 分析，可以描述不安全行为和行为者，确定问题的严重性并据此总结正在发生行为的前因和后果，提出相应的解决办法，逐步形成以人为本的安全管理体系。

李元秀和田伟[43]把 ABC 分析法运用在冶金企业的铁路运输安全管理上，用 ABC 分析法对不安全行为和行为者进行描述，评判问题的严重性，对导致不安全行为发生的原因以及行为所导致的后果进行分析，并提出符合实际的解决办法，减少事故发生概率及提高员工安全素质，改善了安全生产。

王哲和白云杰[44]等着重阐述了 ABC 分析法在煤矿安全领域的应用，研究前因、行为和后果的相互影响、相互作用，倡导企业不能只注意行为的后果，而要从分析行为的前因入手，重视前因和后果的双重作用，同时强调管理方式、工作习惯、安全文化氛围对人的行为的重要作用。

徐伟东[45]提出，对于冒险的行为现象，利用 ABC 分析工具进行分析，对于行为安全观察中发现深层次的问题，如工作流程及工艺设备设计缺陷、程序标准错误等问题时，要投入更多的经费及技术力量来解决。

李乃文和季大奖[46]认为，所有的行为都由一个或者多个行为前因激发，而且都有一个或者多个行为后果激励或者阻止其再次发生；并把 ABC 分析法应用到煤矿行为安全管理机制的构建中，为煤矿的行为管理提供了依据，健全了行为考核体系与激励机制，完善了行为安全培训体系，提高了煤矿工人的工作安全水平。

贾明涛[47]把 ABC 分析法应用于建筑行业的作业人员的行为分析中，逐个分析产生不安全行为的原因，并将分析结果反馈给有关员工，为员工提供安全行为指导，促使他们改善与安全操作程序相适应的行为，逐渐使员工安全行为达到习惯水平。

任玉辉和秦跃平[48]将 ABC 分析理论应用在煤矿安全管理中，并认为它是一个系统的方法，需要长期执行才能创造良好的安全氛围，取得更加明显的效果。

1.4.3 行为安全管理的研究现状

1. 不安全行为风险评估的现状和局限

20 世纪 30 年代，安全评估首先应用于美国的保险行业，保险业需要对其客户的风险进行衡量，其风险衡量的过程即风险评估。系统安全工程在 60 年代的发展有力地推动了安全评估技术的发展，开始进入对安全评估的原理和方法进行全面、系统的研究阶段[49]。国外学者在煤炭行业的不安全行为风险评估方面进行了大量的研究和尝试，具体的研究和应用主要集中在以下几个方面。

(1) 煤矿安全评价主要以概率风险评价为基础，其原理是将煤矿矿井生产系统的安全隐患所导致事故的概率与隐患所造成危害的乘积作为系统的危险度，一般通过统计数据来获得隐患发生的概率和造成的损害，不够细致，缺乏实用性。煤矿安全生产的其他评价方法，如澳大利亚的 A.R. 格林提出的煤矿操作安全评价法，美国的 R.V. 罗曼尼提出的以韦布尔分布确定事故平均周期、每天的危险率、安全性指数的安全评价法，波兰的 M. 费利卫皮提出的以人机系统为主的安全评价和灾害预测以及日本的隧道安全评价方法等。

(2) 伤亡事故统计方面，包括事故时间、职业病、死亡、重伤、轻伤以及与其相关的其他因素，并建立了相应的工伤数据库等。其中最具有代表性的是美国宾夕法尼亚大学的 R.V. 罗曼尼研究的安全风险评估和工伤事故类型、工种和工伤源、致伤的身体部位及致伤的程度、可靠性和经济性分析等，以进一步确定风险事故发生的原因及可能消除安全隐患的办法[50]。

(3) 计算机技术和数据库在煤矿安全生产领域得到一定范围的推广和应用。很多国家的职业安全健康主管部门或研究机构开发出了相应的安全评估软件。例如，荷兰的应用科学研究院在 1989 年开发了 Effects 安全分析软件包，经过多年的逐步完善，该安全评价软件包到 1990 年已经建立了 15 类事故评价模拟模型；美国 TMS 公司在 1989 年开发了 Safemode 安全评估软件包，该软件包除建立了危险物质数据库，还建立了化学物质的泄漏、扩散、火灾及爆炸等研究模型。

(4) 安全评估过程中的局部关键技术得到了较快发展。在安全评估的系统理论和方法的发展过程中，局部关键技术的开发得到了足够重视。例如，在可靠性理论研究过程中研究系统失效概率的估计问题及系统安全评估的概率估计方法。有的学者将贝叶斯概率理论应用于评价化工装置灾变概率的估计[51]。

　　安全评估自 20 世纪 80 年代初期引入我国，就受到行业主管部门及各相关大中型企业的高度关注。通过进一步的消化、吸收国外安全评估相关研究成果，我国电力、冶金、航空航天等行业开始尝试使用简单的安全分析和评估方法[52]。

　　我国不安全行为风险评估取得了一系列成果。部分学者基于煤矿风险评估的复杂性，对矿井通风系统进行了安全性评估。

　　许江[53]提出，煤矿安全生产评估应围绕人、机（物）、环境三方面进行系统分析，并从危险因素、安全评价指标及权重、隶属函数、安全评价结构模型、综合评价方法等方面出发提出了煤矿安全风险评估指标体系。

　　王英博等[54]提出了基于统计学理论的安全标准评价算法，该算法可以帮助评价专家给出对矿山安全标准及标准体系的评价结果。

　　南宁等[55]首先分析了煤矿矿井安全生产的影响因素，构建了安全生产风险评价指标体系，然后采用层次分析方法确定了各评价指标的权重，并设计了风险控制因子的计算模型。

　　张洪杰[56]构建了基于安全风险指数的煤矿风险综合评价模型；运用层次分析法确定了各指标权重；利用建立的评价样本和参数矩阵对模型进行实证分析，构建了基于熵权法和灰色关联分析的煤矿安全综合评价模型；运用灰色关联分析确定各指标关联度，应用熵权法确定各指标均衡度，利用建立的评价样本和参数矩阵，对模型进行了实证分析。

　　兰建义和周英[57]利用层次分析法对煤矿各人因失误行为影响因素进行分类，确定各影响因素的权重，并采用模糊综合评价方法对煤矿人因失误安全预防进行了评价。

　　张孟春等[58]为验证脚手架工人是否低估不使用安全带和高处抛扔物体两项不安全行为的风险，通过问卷调查的方式让脚手架工人和管理人员对两项不安全行为的风险进行评估，借助方差分析和 t 检验对风险评估值进行了分析。

　　王金凤等[59]基于内部控制、全面风险理论演变，结合某煤矿的风险评估实践，探索风险评估工作的作用，得出风险评估工作必须日常化、规范化、全员化、个性化的结论。

高德立[60]首先构建了煤矿安全风险评估指标体系,然后采用层次分析法计算各评估指标权重,采用模糊方法建立判断矩阵,最后将其输入 BP 神经网络学习建立了煤矿安全风险评估模型。

孙旭东[61]构建了三维煤矿安全风险评价指标体系,对定性指标采用语言值评估,并相应地提出了模糊数标度和语言值集成的方法,以及基于层次分析法和信息熵的多种模糊权重计算方法,最终基于集成算子和 Fuzzy TOPSIS 方法建立了煤矿安全风险的综合评价模型。

谷昀[62]深入分析"人、机、料、法、环"五种事故原因类型所包含的风险因素,根据地铁施工风险评价指标体系,采用层次分析法确定评价指标的权重,建立了基于模糊综合评判法的风险评价模型,并运用该模型评估了北京地铁 14 号线 03 标段的风险水平。

目前国内煤矿不安全行为风险评估的方法主要分为定性评估方法和定量评估方法。定性评估方法对煤矿安全问题进行定性评估研究,是指由安全专家或评估研究人员,通过自身的知识和经验进行主观判断分析,常见的方法有安全检查表法、专家打分法、观察法、系统分解法、流程图法、头脑风暴法、故障树、事件树等。定量评估方法采用定量方法研究煤矿安全评估,是研究的热点,并取得了许多研究成果,例如,许多学者将蚁群聚类算法、主成分分析法、层次分析法、熵权法、灰色理论、模糊综合评价、人工神经网络等定量方法应用到煤矿安全评估研究中。由于煤矿企业生产的复杂性,定量分析方法在煤矿安全生产评估方面没有得到很好的应用,我国煤矿相关的评价技术尚处于探索阶段。目前,模糊数学方法在定量安全评价方面得到了一定程度的推广和应用。

2. 不安全行为预控管理研究现状

对于不安全行为的管理,比较有效的管理办法是基于行为安全(behavior based safety,BBS)的管理,它起源于行为科学,第一次由英国 Gene Earnest、Jim Palmer 在 1979 年以行为安全的名称提出,后来逐渐发展起来。BBS 实施的流程是:定义关键行为—建立行为安全管理组织—行为观察、收集数据—行为分析—安全行为交流、信息反馈—不安全生产行为纠正—安全行为;其中行为分析利用 ABC 理论模型,即行为前因-行为-行为后果。BBS 管理方法在企业安全管理的应用实践中表现出良好效果,Krause 于 1999 年对实施行为安全管理的 73 家公司进行长期监控,对比事前和事后主动采取行为安全程序的员工群体,其失误行为水平显著下降,第一年下降幅度为基准的 26%，第五年下降了原基准的 69%。目前，在这种行为管理方法已经在很多行业如石油、化工、建筑、交通、矿业等得到了一定的应用。

BBS 管理方法多以 ABC 理论模型为开发原则，但在实际运用过程中，各企业必须结合具体的实际情况设计和实施。例如，源于英国采矿业的 ASA（advanced safety auditing）方法、美国杜邦公司提出的 STOP（safety training observation program）方法、英国石油公司钻井平台开发的 TOF（time out for safety）方法等都取得了显著成效[18]。

我国近年来对行为安全管理进行了应用探究，但对 ABC 分析法的研究很少。已经进行的主要工作包括：范广进[63]运用 ABC 分析法对铁路安全事故中人的不安全行为进行分析，并对具体车站的调车人员进行实例研究，分析、强化和反馈不安全行为，大大降低了不安全行为的发生概率。栗继祖和陈新国等[64]采用自行编制的 ABC 问卷，现场采集煤矿工人作业行为信息，并根据数据分析结果，提出煤矿行为安全管理对策，在王庄煤矿采用成立 ABC 观察小组，进行现场 BBS 观察、沟通和进行安全管理改进、作业现场优化等手段，实施为期 1 年的 BBS 管理。

3. 行为安全管理工具的特点和局限

尽管各种行为安全管理理论较早被提出并研究，但将行为安全管理理论应用于实践，开发行为安全管理方法和工具却相对滞后。较早总结行为安全管理工具的是加拿大阿尔伯特省建筑商会，他们推进的《行为安全管理最佳实践方案》为企业开发行为安全管理方法和工具奠定了基础。目前国际上推行行为安全管理工具的企业较多，如美国杜邦公司的 STOP 工具（安全观察与沟通）、壳牌公司 ACT 卡（事故控制卡）、美国道氏化学公司的 BBS 活动（基于行为安全的管理）。这些工具有以下共同特点。

（1）对象。以员工的不安全行为为管理对象，主要是针对员工日常的安全表现进行管理。

（2）目的。不是责备和找借口，而是通过识别关键的不安全行为，进行监测和统计分析，制定控制措施，采取整改行动，最终降低不安全行为发生的频率。

（3）方法。以干扰或介入的方式，促使员工认识不安全行为的危害，阻止并消除不安全的行为。

（4）步骤。①识别关键行为；②收集行为数据；③提供双向沟通；④消除安全行为障碍。

以上工具均是针对员工日常的安全表现，因此存在以下不足。

（1）系统性的问题。由于以往的行为安全管理工具仅是针对员工的日常安全表现进行管理，采用观察、分析、纠正和强化等措施改善员工的行为。但员工的不安全行为更多的表现在执行关键任务、非常规作业中，此时的作业风险比日常工作更大，如何对员工从事这样的作业实施过程风险控制，是STOP 工具、ACT 卡都不能解决的问题。

（2）主动性的问题。控制员工的不安全行为，应该让员工由被动纠正，转为主动识别与控制，采用何种方法让员工识别、确认、控制风险，是以往行为安全管理工具所不能解决的问题。

（3）关联性的问题。任何一种管理工具都不是万能的，不能期待用一个工具去解决所有的问题。因此，在中国石油与美国杜邦公司合作项目中采用了工作安全分析、作业许可、作业程序、工作循环检查等安全控制措施，而STOP 工具仅作为这些安全控制措施的补充。

1.4.4　ABC 分析法在我国煤矿中的应用局限

1. 在我国的研究及实施遇到的问题

行为安全管理理论在发达国家及跨国公司得到成功实践，必然有其合理性和现实意义，但在我国安全管理实践当中，对于该理论及其应用尚存在一些误区，这样就导致部分员工对行为安全管理认识模糊不清。

在基层队组员工访谈中，发现员工有以下几种观念和认识：一是煤矿工人不需要多少文化，不违章就出不了煤；二是煤矿生产条件差，出现事故是必然的，不出事故是偶然的，违章不一定出事故，按章作业不一定不出事故；三是煤矿工人发生点小伤小害算不了什么；四是部分一线煤矿工人文化素质偏低，封建迷信思想较严重；五是在"最大利益和局部利益、安全与效益的关系"上，部分员工认识还比较模糊。因此，员工对安全文化的认识和树立什么样的安全价值观还有待正确引导，员工的安全观念、安全意识还需要通过加强安全文化建设进一步培养，干部与员工共同的安全价值观和安全目标还需要进一步明确。

此外，部分员工安全文化素质较差。由于煤矿大量使用轮换工、临时工、协议工，这些员工安全知识缺乏、素质差、盲目冒险作业，遇到危险后手足无措，缺乏应变能力和自身防护能力。部分工人把安全操作与提高效率对立起来，盲目追求产量和奖金而误入危险的怪圈，有的井下工人习惯性违章严重，一味拼设备拼体力，存在安全隐患。

有少数基层队（班）安全管理落后，班组长安全文化修养差，班组人际关系紧张，这也会影响一线安全生产。基层希望上级对员工的安全考核要以理服人，要注重安全教育。但有些单位只注重对违章人员罚款，忽视了认真细致的思想工作，管理人员工作方法粗糙，对"三违"员工处罚后，未能举一反三，没有起到教育作用，反而激起基层一线煤矿工人的不满情绪。因此，一方面，要教育"三违"员工正确处理安全与效益的关系，只有搞好自身的"安全与健康"才是最大的利益；另一方面，也要让基层管理人员明白，必须在安全上进行严格要求的同时，以理服人，才能更有效地搞好安全生产。

1) 对人的不安全行为、管理缺陷以及违章行为等概念的理解存在混淆

许多研究将不安全行为、人的失误、违章行为等概念，特别是国内外的不同术语相混淆，实践中常常把设计缺陷、组织管理缺失、管理者的错误决策等因素都归为"不安全行为"或"人的原因"，并以行为安全管理理论来加以解释和解决，从而忽视了真正的事故源头，不能从根本上解决问题。有些研究没能正确区分国内外关于"不安全行为"这一概念的不同内涵。在国外行为安全管理理论研究中，"不安全行为"、"人的失误"与"人的原因"基本是同一概念，它涉及生产、设计、维修、操作、管理等各个方面。而在国内，"不安全行为"是指曾经引起过事故或引起事故的概率较大的人的行为，国内《企业职工伤亡事故分类标准》（GB 6441—1986）中将人的不安全行为分为操作失误、忽视安全、忽视警告等十三大类，显然这主要是针对一线操作员工的。

还有一些研究认为人的失误就是违章行为。一般来说，一线操作员工在以下三种情况下会发生不安全行为：第一，安全规章明确且科学合理，员工故意违章；第二，安全规章明确但不科学不合理，员工也会故意违章；第三，在缺乏相关安全规章的指导下，员工进行日常生产操作或者处理突发事件时所采取的容易引发事故的行为。因此，不安全行为的界定还需要考察该行为发生时，是否具备组织管理、规章制度以及工程技术等方面的指导和保障，而不应当统统归为违章行为。

2) 我国煤矿工人整体文化素质偏低、缺乏现代化工业生产经验

许多研究探讨了如何开展有效的安全培训、采取各种激励措施加强对员工的不安全行为的监督等，但缺乏对我国煤矿工人整体的文化素养、学习能

力以及工作经验等因素的考察，以至于忽视了现实国情对我国安全管理工作的影响。

许多管理者，包括一些外籍管理人员，常常对以下两个问题感到困惑：为什么即使在正常生理状态下并且接受过相应的安全培训，员工在实际操作中仍然会出现违章违规等不安全行为？为什么在某一个具体的工艺流程中，同样的机器与作业环境，同样的操作规程，在同一岗位上，国内外的事故风险概率却大不相同？看似非常简单的问题，却是我国与发达国家煤矿工人行为安全水平差距的主要因素所在，而这一点被许多研究者忽略。

我国目前仍处于城市化、现代化初级阶段，存在二元劳动力市场，大量的煤矿工人来自农村，"刚刚放下锄头，就来启动按钮"。没有现代化大生产的工作经历是中国煤矿工人的普遍特征，特别是对于农村劳动力，无论是本人还是其祖辈，世世代代都没有接受过现代化煤炭工业生产的环境熏陶，现代化煤炭工业生产所需要的安全素质只能靠煤矿工人个人在工作中从零开始逐渐培养。

不只是来自农村的劳动力缺少现代化工业生产的工作经历，就整个国家而言，工业现代化历史也非常短，这就决定了煤矿工人的安全素质不能适应日新月异的现代化工业生产，它是一个普遍性问题。特别是近些年各种新设备、新工艺及新技术的应用对我国煤矿工人提出了一些新的行为安全要求，现代化工业生产所要求的煤矿工人行为安全素养与煤矿工人的现实水平之间存在的巨大差距，绝非通过短期的培训即可消除的。

3) 我国经济社会因素对煤矿工人行为安全发展水平的制约和影响

国内关于行为安全的研究还忽略了国家政治、经济、法律、文化等诸多宏观因素对煤矿工人安全行为的制约与影响作用。

第一，中国当前仍是城市与农村二元劳动力市场，就业机会稀缺，使得许多煤矿工人可接受风险水平趋于偏高，一些本质安全水平较低、事故风险较高的企业依然可以招收到大批劳动力。此外，企业一线煤矿工人工资收入水平普遍较低，极易导致员工超时加班，为了多出产品而有意或无意地不穿戴劳动防护用具；有时甚至为了方便维修而拆除一些机器上的安全联锁装置等，增加了事故风险。

第二，超常规经济建设导致了大量的生产安全事故隐患。我国当前巨大规模的基础设施建设投资，能源大产业在短时间内的急剧扩大的发展规模与速度，使得原本数量不足的安全管理、监理人才及技术工人更是捉襟见肘。许多地方在片面追求效益的过程中，常常出现简化或取消必要的安全防护以及偷工减料等现象，导致事故多发。

第三，煤矿企业生产的不安全行为容易发生，安全生产监督工作的公众参与力度不够，参与能力不高。对于作业环境风险很高且不重视安全生产的企业没有形成强大的社会压力。

上述经济与社会因素对企业安全生产带来的事故风险并不是通过员工的行为安全就能解决的。而只有充分了解上述问题，才能了解在现实生活中，员工明知缺少防护、风险偏高但仍然坚持作业的原因，也才能了解许多员工不注重行为安全并不是不珍惜个人的身体健康与生命安全。

综上所述，当前我国许多事故的发生虽然常常表现为员工的不安全行为，实际是企业的安全隐患长期存在，得不到根本治理的必然结果。在实践中，政府和许多企业忽视了行为安全管理理论有效适用的前提条件和影响因素，孤立地强调员工的不安全行为，忽略了许多企业在工程技术措施方面的投入不足以及组织管理措施的缺失等导致安全生产事故多发的客观原因，忽略了影响行为安全管理措施发挥作用的经济与社会因素。作者认为，上述原因，就是虽然近年来一直大力加强对煤矿工人的安全教育培训，但煤矿工人的"不安全行为"屡禁不止，生产安全事故风险居高不下的根本所在。

2. 我国煤矿企业安全管理存在的问题

从目前很多企业的安全管理实践来看，即使是在应用上述传统方法进行不安全行为管理，也存在一系列问题。

1) 安全规章制度不够完善、不能有效落实

完善的安全规章制度是企业做好不安全行为管理的基础保障。完善的安全规章制度必须是合理的，并具有很强的可操作性，能最大限度地调动人的积极性，引导人自觉地遵守制度。然而，当前我国很多煤矿企业的规章制度都不够完善，在制定过程中没有结合企业自身实际，只是照搬其他企业的管理制度，不能做到科学合理、切实可行。这也使得制度在执行时员工对于一些规章制度存在一定的抵触情绪，认为这些规程只是管理者用来强制约束他们的工具，因此很多员工明明很熟悉规章制度，却仍然选择铤而走险，选择不安全行为。

对于安全规章制度比较完善的煤矿企业，也存在着一个重要的问题，即规章制度的落实。在许多事故调查报告中不难发现，在调查企业内部安全规章制度是否完善时，很多煤矿都能拿出厚厚一摞文件材料。在事故原因分析上，涉及人的责任时往往会归结到"三违"之中。既然企业按法规要求制定

了完善的制度规程,为何事故依然屡屡发生。其最主要的原因在于执行力。制度是为了控制员工不安全行为,所以它的目的是执行以便控制人们的行为,强调执行。但如果仅仅将设立安全规章制度作为重点,而不强调将安全规章制度落到实处,那么只是徒然浪费时间精力,制度也就失去了它的价值。制度执行者的执行力不足导致制度效力层层衰减,造成企业生产过程中众多"三违"行为的出现,以至于有令不行、有禁不止,规章制度形同虚设,安全生产管理规章制度无法发挥其应有的保障员工安全作业的作用。企业内部执行力的不足已成为不安全行为产生、事故频发的一个重要因素。

例如,黑龙江龙煤矿业控股集团有限责任公司七台河分公司东风煤矿(以下简称东风煤矿)特别重大瓦斯煤尘爆炸事故,作为一家大型国有煤矿企业,东风煤矿不仅证照齐全,制度完善,而且连续 3 年被评为安全质量标准化建设"明星矿"。直到矿难发生前,东风煤矿还笼罩在各种"光环"下。然而,仅从事故发生后四天仍对井下具体人数搞不清楚的事实来看,其制度的执行情况可想而知。更有煤矿工人反映,虽然井下有实时监控的瓦斯数据,但有时瓦斯量超标时,矿领导还命令井下生产,而这一情况并没有记录在案;有时为了不让上级发现井下真实状况,甚至把瓦斯监测探头堵上。2005 年 11 月 27 日 21 时 22 分,东风煤矿发生爆炸。表面上完备的制度与先进的设备终究未能避免一场巨大灾难的降临。执行者对制度的漠视、对先进设备采取的"巧妙"对策,对不安全行为的置之不理,使安全隐患不断积聚,最终夺去 171 人的生命。由此可见,企业安全管理中规章制度不能落实是当前员工不安全行为未能得到有效控制的原因之一。

2) 培训教育不当

一些煤矿企业,为了节约经济成本,大量聘用临时工和季节工,短期工的增多和频繁变动,一方面造成管理难度增加;另一方面企业不愿意投入资金对其进行安全教育培训,从而弱化了员工的安全技术教育,使一些未经安全培训的人员仓促上岗作业,为日后因员工不安全行为而引发的事故留下了隐患。有些企业虽然进行了岗前安全教育培训,但只是走过场,给员工印发安全操作规程手册,让员工死记硬背,割裂了与实际工作的联系,造成被培训员工书面考试成绩不错,但在实际操作过程中仍会产生很多不安全行为,事故隐患依然存在。

3) 安全检查不够系统

作为企业安全管理的一项重要日常工作,安全检查对控制员工不安全行为和隐患排除有着重要的作用。但目前在安全检查工作中存在很多不足之处：

（1）走过场现象严重。安全检查流于形式，走马观花式的检查很难查出问题，使得安全隐患长期存在，这也是事故频发的一个重要原因。

（2）安全检查的盲目性。安全员对现场的检查没有计划和目标，经常是无重点无目标地检查，而随意走走，东问问、西问问，检查汇总时不着边际，查了以后总结不出关键内容，拿不出具体的意见的检查工作，不仅不能起到消除事故隐患的目的，而且会导致人员安全意识丧失，安全事故的隐患更加严重。

（3）检查处理过程不够系统。在检查过程发现的不安全行为、安全隐患，安全检查人员会进行记录，但事后并没有进行认真整改，这就导致下一次检查时发现的还是老问题，在检查过后安全事故还是层出不穷的尴尬局面。这是安全检查不够系统的表现，没有能够建立检查—分析—整改—评估总结的良性循环，对事故起不到预防作用。

4）安全信息沟通不畅

可以说，沟通在企业内部随时随地都存在，但沟通渠道的欠缺和不顺畅是多数企业的通病。传统的安全管理模式中安全信息的沟通渠道往往是单向的，大部分自上向下逐级传递，而基层员工缺少由下而上反馈安全信息的渠道，公司制定各项安全规章制度，一线煤矿工人只能被动地执行。他们认为安全事务只是安全管理部门的事，与己无关，即使发现安全隐患或未遂事件，也很少有人主动上报。在企业中，沟通失效是导致事故发生的一项主要人为失误，例如，2003 年重庆开县井喷事故，事故发生前，一系列隐患信息未能引起重视，未向上级主管部门报告，也未采取有效的措施，造成了事故的发生和扩大。

5）激励机制不健全

企业对不安全行为的控制主要依赖于惩罚措施，在企业内部各项管理制度中均突出对违反者的处罚，无论是员工、班组长、还是车间部门的领导，违章后都要接受处罚，且以罚款作为主要或唯一的惩罚。这就使得企业在安全奖惩方面存在诸多弊端。一是奖惩失衡。对企业员工惩罚的负激励多，奖励的正激励少，过多的惩罚容易使员工与管理者之间产生心理对抗，这些惩罚措施常常教会员工如何避免处罚，而不是养成良好的行为习惯。管理层对惩罚手段的过分依赖，也使员工不敢去报告工作中那些轻微的伤害事故和细微的错误。二是在事故调查中，员工也会为了逃避惩罚隐瞒事故的一些真相，使得调查报告缺乏准确性。三是安全管理人员对发现的不安全行为，常常以罚代法，以罚代管，这种惩罚措施的过度使用严重破坏了企业内部的人际关系和员工对安全工作的参与度。

从以上分析可以看出，传统的不安全行为管理模式已不能很好地控制员工的不安全行为。在由人为因素引发的事故比例不断上升的情况下，我国部分企业开始寻求更为有效的不安全行为管理模式，以提高控制和消除不安全行为的效果。

1.5 煤矿 ABC 分析法研究的主要内容

本书运用 ABC 分析法分析煤矿工人工作中的不安全行为产生的原因，以作业现场为基础，充分收集、挖掘并分析煤矿工人作业的详细过程，制定改进现场安全管理的措施，最终形成一套以人为本、安全高效质优的安全行为作业体系。

1.5.1 煤矿工人不安全行为分类

在煤矿的安全生产过程中，我国国家标准规定了以下不安全行为，相应的表现形式如表 1.5 所示，表中详细地描述了煤矿中主要的人的不安全行为及其表现。

表 1.5 煤矿工人不安全行为及其表现

不安全行为	表现
操作错误，忽视安全，忽视警告	未经许可开、关机器且不给信号；忽视警告标志；违章使用设备；酒后作业等
安全装置失效	拆除或任意调整安全装置等
使用不安全设备	使用不牢靠或无安全装置的设备
手代替工具操作	用手代替手动工具
物体存放不当	材料、工具生产用品等放在不适当的位置
冒险进入危险场所	进入易燃易爆场所或者私自搭乘矿车
攀、坐不安全位置	攀、坐在平台护栏或者吊车吊钩上
在起吊物下作业	在起吊物下作业或者停留
机器运转时作业	加油、休息、检查、调整、焊接、清扫等
注意力分散	注意力不集中、心不在焉
不佩戴安全防护用品	不佩戴防护手套操作有旋转零部件的设备
不安全装束	穿肥大服装或戴手套操作有旋转零部件的设备
对危险品处理错误	易燃、易爆等危险品存放、包装不当等

1. 按其产生的根源进行分类

Reason[65]在《人因失误》(*Human Error*)中将人因失误的定义"背离意向计划或规程而发生的行为"延伸为人的不安全行为,他将不安全行为分为两类:非意向的(unintended)和意向的(intended)。非意向的行为是未经过太多考虑或漫不经心而发生的失误,失误的原因是疏忽或者遗忘;意向的行为是经过深思而采取的行为,操作者由于知识或经验水平不足,对采取行动而产生的后果认识不清而造成失误。

非意向的不安全行为是不知道会产生危害的一种不安全行为,其强调的是无意识性。如果意识到了这种不安全行为,人们能很及时地弥补和改正。非意向的不安全行为也有很多表现形式,主要包括:①人对获取到的信息无法感知,不能观察到意外的产生;②人体自身的弱点,常见的是视力、听力等缺陷;③经验不足或是知识储备不够导致不能恰当地处理异常情况;④没有通过专业的培训就独自操作设备等因专业技能不熟练造成的失误;⑤由于休息不足或长时间工作,造成大脑短路,不能正常工作而发生的不安全行为。

2. 按其呈现方式进行分类

参照我国《企业职工伤亡事故分类标准》(GB 6441—1986),不安全行为可归纳为以下十三大类:第一类操作错误,忽视安全,忽视警告;第二类安全装置失效;第三类不安全设备的使用;第四类手代替工具操作;第五类物体存放不当;第六类冒险进入危险场所;第七类不安全场所攀、坐;第八类起吊物下作业、停留;第九类机器运转时进行维修工作;第十类操作时精力不集中;第十一类未使用个人防护用具等;第十二类不安全装束;第十三类易燃易爆危险化学品处置不当。

参照国际劳工组织(ILO)的规定,不安全行为可以分为以下六类:第一类不遵照设备本身的工作环境和状态,用十分危险的速度操作装置;第二类不遵照规定,使用了没有安全防护的装置;第三类在没有安全人员的监督下,对设备进行违规操作;第四类用危险的工具或是危险的操作设备;第五类缺乏常识,错误地混用或连接设备;第六类工作在有安全隐患的场所,缺乏必要的安全意识或态度。美国杜邦公司将员工的不安全行为分为五类:人员的反应;人员的位置;工具与分配;个人防护设备;程序与秩序。

3. 按其可追溯性进行分类

按照不安全行为是否利于事后的追溯等特征，将不安全行为分为有痕和无痕不安全行为两大类。可以用不安全行为事后的可追溯性来界定其行为痕迹。有痕不安全行为是指事故发生后一段时间可以留下行为痕迹，可以进行追溯。而无痕不安全行为是指只存在事故发生的过程中，不会留下行为痕迹，不可追溯。对于安全管理和风险评估，这种分类方法具有积极意义。

1.5.2 煤矿工人不安全行为发生机理

1. 煤矿工人不安全行为发生的过程

煤矿生产任务是通过煤矿工人行为活动实现的，员工只有先确定自己要做什么，才能够确定行为方法，进而付诸实际行动，完成具体的煤矿生产任务。根据行为发生的先后顺序，再结合认知过程，煤矿工人的不安全行为过程可以分为以下几个环节。

1) 外部环境感知

对煤矿生产进行作业首先要明确所完成的生产任务，然后开展接下来的相应工作，就产生了相应的作业行为。但是煤矿生产作业的完成是在特殊的工作环境中进行的，并且环境非常复杂，首先对温度、湿度及照明等方面都有特定的要求指标，而且在作业过程中所产生的噪声、振动、粉尘以及瓦斯等工作环境因素造就了作业环境的艰苦特点，员工在这样的工作环境下工作，一段时间后就会对其心理造成厌烦、恐惧和疲劳等不良影响，使其注意力分散，影响生产能力，进而影响判断和行为能力，影响危险源的辨识和自我感知能力，更容易导致事故发生，这成为煤矿工人安全和不安全行为的分水岭和起点。

2) 自身记忆

员工从外部环境中感知或获取相应的任务，接下来对获得的信息进行筛选，这个过程就需要依靠员工对工作任务的记忆，也就是通过自身记忆来对信息完成内部选择。而安全教育与培训可以促使员工自身记忆的形成。从客观角度进行分析，煤矿的安全生产已经引起了社会的广大关注，政府对此也开始加紧监管，但仍不能避免煤矿的安全事故的发生。导致悲剧发生的原因有多方面，最需要注意的是，即使对每一个员工在作业之前都会进行非常规范的安全培训与安全教育，煤矿作业员工也会因为自身的状况、学识储备以及记忆能力等个体差异性而造成工作技能的差异，这是无法避免的，而且在对训练以及教育中的相关安全知识的记忆程度也是不同的。因此，员工的个体差异性所导致的自身记忆对安全行为形成的影响也是不同的。

3）个体理解

员工通过自身记忆完成对工作任务信息的内部筛选，接下来就要根据员工对任务信息的理解来决定自己应该采取什么样的行为方式。因为每一个员工的个体差异性，在能力上不能达到一致性，所以采取的行为也就不一样。即使在培训以及教育中，员工都能准确地记下一切安全作业的行为规范要求，但是由于个体在知识储备、个人经验的差异下，对于工作的行为规范要求的理解掌握情况必然不同。所以，如果对安全作业的行为规范要求没有完全掌握并运用，员工就有可能做出不安全行为。

4）状态认知

继环境感知、自身记忆以及个体理解三个环节之后，不安全行为形成过程的下一个环节就是状态认知。状态认知是对作业安全状态进行综合评判，其判断结果是引起煤矿工人不安全行为的重要依据，同时也是对不安全行为的意向和非意向这两方面的区分进行分类的依据。然而，状态认知涉及多种影响因素如生理、知识技能、安全态度等，其具有较高的复杂度，因此对不安全行为的选择及事故的发生具有重大影响。

5）价值判断

煤矿工人对状态认知进行判断之后，在发生实际的作业行为之前还需要对自己的行为价值进行判断，然后选择行为。对自己行为价值进行判断需要员工对自己的工作行为进行分析，主要考虑自己所选的行为效价以及行为成本。其中，个体行为效价包括目标和期望值两个方面，并且可以进一步细分为生理和心理、经济和时间方面；而行为成本则分为法规执行成本和危险压力成本。在这里，员工只有在判断过程中意识到自己行为安全性不高时才会去重新考虑行为选择问题。因此，在进行行动选择时是基于员工个人价值观以及安全标准之上的，所以在对员工进行培训教育时必须注意这一方面的价值标准培养。

6）行为实施

煤矿工人在对自己进行上述状态认知、价值判断等过程以后，就要根据自己之前所作出的判断进行行为实施环节。在这里重点指出，在实施中，员工进行行为实施是在其行为能力的基础之上的，就算员工在自己价值判断上采取安全行为，但是在实际的作业过程中，煤矿工人由于生理情况、认知以及经验等因素影响会导致失误的出现，这种不安全行为也是不可避免的。

2. 煤矿工人不安全行为发生的机理模型

前面对煤矿工人不安全行为的形成过程进行了较为仔细的分析，其产生过程呈现复杂性、动态性和不确定性等特征。行为理论将行为过程分为信息、认知、态度和行为响应不间断的连续过程，再结合人的安全行为模式，即 S-O-R 模式，综合煤矿工人不安全行为形成过程，提出了煤矿工人不安全行为发生机理模型，如图 1.7 所示。

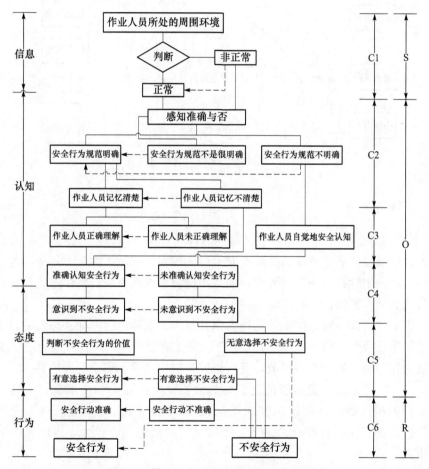

图 1.7 煤矿工人不安全行为发生机理模型

C1-外部环境感知；C2-自身记忆；C3-个体理解；C4-状态认知；C5-价值判断；C6-行为实施
S-外界刺激；O-分析判断；R-行动响应

1.5.3　煤矿工人不安全行为原因

人的行为是一个复杂的信息处理结果，涉及很多因素，包括生理上和心理上，都可能会使这个处理过程在某一个环节出现差错而导致失误。群体动力学理论的创始人心理学家勒温认为，个体的行为 B 同时受个体的特征（自身因素）P 和所处环境（外部条件）E 的影响，将人的行为表示为 $B=f(P \cdot E)$，见图 1.8。

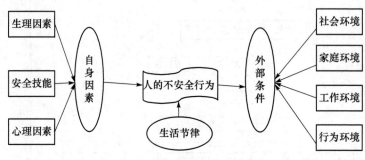

图 1.8　人的不安全行为的影响因素

1. 自身原因

（1）生理因素。生理因素包括形体、体能、视力、听力、体质等，它们的不协调或是状态不好都会导致不安全行为的增加或后果加重。每一项作业对行为者的生理都有一定的要求，如果不能满足这些要求，就会造成行为判断失误和动作失误。

煤矿井下作业对煤矿工人的体力消耗很大，而体力的损耗及恶劣的井下环境极易导致危险事故的发生。煤矿工人长期井下作业，休息严重匮乏，身心疲惫得不到缓解，精力涣散，反应迟钝，致使违章不安全行为的发生。

（2）安全技能。安全技能包括对先进安全生产知识和技术掌握的能力和实际的操作能力。掌握先进的安全技术，可以大大提高生产的安全程度，但是如果实际操作能力低下，不能实现有效的安全行为，也经常会发生事故。

在发生煤矿事故时，拥有足够的安全技能不仅可以自救，还可以救人。但我国目前仍处于城市化、现代化初级阶段，大多数煤矿工人都来自农村，整体文化素质偏低，缺乏现代化工业生产经验。他们在上岗前仅仅接受过简单的培训与教育，导致无法对安全隐患产生足够警觉，无法应对突发状况与潜在风险。

（3）心理因素。一个人的包括动机、性格、情绪、气质等构成的心理因素决定着此人安全意识的强弱。一个人的心理素质较好，安全意识较强，那么在工作过程中就会拥有高水准的动机、稳定的情绪、冷静的性格，心理反应与客观实际相结合的程度越高，行为的可靠性也就较大。反之，一个心理素质差、安全思想意识薄弱的人容易对工作环境的危险源不能作出正确判别或是不能引起重视，工作时往往思想麻痹大意，凭经验办事，不遵守安全规程，违章操作，容易引发事故。

在煤矿安全生产过程中，煤矿工人常年井下劳作，环境压抑，很容易产生厌烦情绪，在工作中表现为散漫、不积极、马虎应付等；也有些煤矿工人将生活中的不良情绪带到工作中，懈怠工作，注意力涣散，影响工作的开展；还有些煤矿工人性格比较急躁，当工作中遇到困难或紧急情况时，不能静下心来思考，影响对问题的客观判断。加之工资待遇低、生活环境达不到预期，也会严重影响煤矿工人的安全行为。

2. 外部条件

人所处的外界环境和物的状态都会决定一个人操作行为的安全性。通常，环境的变化能刺激人的心理反应从而影响人的情绪；工作场所的机器设备故障和摆设不合理会增加操作和识别的困难，从而造成差错和人为失误。恶劣的环境条件让人疲倦、不安，无法集中精力进行工作，从而引发事故。所以，人的行为必然要受其所生产和工作环境的影响，一般包括社会环境、家庭环境、工作环境和行为环境等。人的不安全行为除了自身的作用和影响，还受外界环境的状况的影响。环境变化会刺激人的心理，影响人的情绪；物的运行失常及布置不当，会影响人的识别与操作，造成混乱和差错，打乱人的正常活动。环境差会造成人的不舒适、疲劳、注意力分散，从而造成行为失误和差错。

（1）社会环境。每一个人的素质、观念和意识都会受其所生活的社会环境的限制，经过在生产过程中的不断积累、认识和总结发现：人的安全意识是社会发展到一定时期的产物，因此人的安全素质也会随着社会的不断进步而提高。每个具体的个体，都处于一定的社会环境之中，在一定的社会历史条件下，人的素质、道德观念、安全意识等必然受其所处社会环境的限制。只有社会发展到一定时期，人才会有相应的安全意识，这是在生产过程中不断认识、总结和积累的结果。随着社会环境的不断发展变化，人的安全素质也会不断提高。

（2）家庭环境。家庭是调节心理、塑造性格、消除疲劳的重要场所，良好的家庭环境会使人意志高涨，心情愉悦，高效安全地作业。家庭生活是人类生活最重要的组成部分，它对个人心理的形成及性格的发展有着十分重要的作用。此外，家庭是调节情绪和消除疲劳的场所，如果家庭环境不良，负面生活事件频繁发生，容易造成员工意志消沉，情绪低落，失误概率增加。

（3）工作环境。从事煤矿行业炉前、井下作业的员工，在疲劳状态下容易导致事故的发生。例如，正常情况下本应予以注意和维修的危险设备，由于疲劳使人的惰性增强、警觉能力下降，未能及时维修设备并注意预防危险，从而导致事故发生。因此，工作中合理安排工间休息，调解人的精神状态和疲劳程度对于预防事故是非常重要的。采取防止人因失误的技术措施，如以机器代替人、冗余系统（二人操作、人机并行、审查）、耐失误设计（联锁装置、紧急停车装置）、警告（视觉、听觉、气味、触觉警告）等，可最大限度地减少事故发生。

（4）行为环境。在工作过程中，人与人之间行为的相互影响称为行为环境。在作业中保持同事之间、领导者与被领导者之间融洽和谐的关系，有利于操作者保持积极、良好的心理状态。心理活动的积极状态使操作者集中注意现场信息和操作活动，防止人的不安全行为引起的操作错误。人的心理活动是非常复杂的，操作者可能随时受到来自各方面的压力，造成不良的心理状态。融洽和谐的人际关系能及时发现操作者情绪的变化，或者帮助其排忧解难，或者采取暂时隔离工作等措施，以预防使人产生不安全行为的各种主客观因素。所有这些因素都直接或间接地作用在人的思想和意识上，使人脱离正确行为，引发事故。一般企业事故中，单独由某个因素引发的事故不多，往往是多个因素综合诱发的结果。

1.5.4　煤矿工人不安全行为影响因素

对不安全行为影响因素的研究，国内外学者都做了很多工作。无论是心理、生理，还是社会、环境、文化和管理等都纳入了研究范围。按照不同的视角，造成不安全行为的因素可以分为四大类：与人员个体有关的因素；与组织管理有关的因素；与人-机-环境有关的因素；其他因素，如安全氛围、安全态度等。

1. 与人员个体有关的因素研究

与人员个体有关的因素包括人的心理因素（性格、气质、情绪、能力等）、生理因素（生物节律、工作倦怠、疲劳等）、社会心理因素（社会知觉、价值观、角色等）以及个体素质（知识水平、技能等）等。研究者的视角不同，所选取的影响个体的因素也不尽相同。

近年来，国外学者对影响人的不安全行为的因素进行了很多研究。Kunar 等[19]研究了煤矿工作中工作危险因素、个体特征、风险与工伤事故的关系，研究表明，没有受过正规教育、饮酒、疾病和冒险行为均与工伤事故相关。Choudhry 等[20]根据事故报告对建筑工地工人的不安全行为进行了研究，得出安全认知、工作压力、安全态度、心理因素、设施条件、安全培训和教育、安全管理等因素与不安全行为有关。Goncalves 等[21]研究了工伤事故经历对事故原因和工人行为的影响，结果表明，工伤事故经历与外部归因和不安全行为正相关，与内部归因负相关。Morrow 等[22]研究了铁路行业工人安全心理观念与安全行为之间的关系，并对安全心理观念的管理安全感、工作安全感、工作紧张感与安全行为影响之间的关系进行了研究，得出工作紧张感与安全行为显著相关的结论。Rowden 等[23]研究了压力对道路行驶安全行为的影响，并采用问卷和测量表，利用结构方程模型（structural equation modeling，SEM）验证了生活压力、工作压力、驾驶环境压力是如何对不安全行为产生作用和影响的，研究发现，驾驶环境压力对道路行驶安全行为的影响最大。

国内学者同时也进行了很多研究。刘超[24]从内因和外因两个方面研究影响企业员工不安全行为的因素，并以安全人格特质理论为基础构建了内因模型；从组织、环境和领导方面构建了外因模型。李乃文等[66]对 1229 名一线煤矿工人进行问卷调查，建立了煤矿工人工作倦怠、不安全心理与不安全行为之间的关系模型，结果表明，情感耗竭作用、临时心理对不安全行为影响最大。田水承等[67]研究了井下作业人员的个体因素、工作压力与不安全行为之间的关系，并建立了结构方程模型，发现工人的知识状态对不安全行为的影响最大。赵泓超[68]将影响煤矿工人不安全行为的因素分为心理、生理、环境、管理、文化五类，并对影响安全行为的心理进行了模拟实验。殷文韬等[69]从一线煤矿工人、班组长、管理层提取了 12 个不安全行为影响因素，并采用决策实验与评价实验方法，研究了影响因子对员工不安全行为的影响程度，发现安全投入程度和管理者行为对不安全行为的影响最大。张孟春和方东平[70]分析了建筑工人不安全行为的认知机理，认为造成工人不安全行为的最主要原因是"环节失效"，根据计划行为理论从态度、主观规范和行为控制感三个因素来研究环节失效的原因。梁振东和刘海滨[71]对来自7个煤矿的735名一线煤矿工人进行问卷调查，研究个体特征因素与不安全意向和行为之间的关系，建立了三者之间的结构方程模型，表明事故经历与不安全行为意向相关最为显著；自我效能与不安全行为相关最为显著。刘双跃等[72]认为，人的不安全行为是事故发生的主要原因，针对某煤业公司通风专业各工种三年的"三违"情况统计分析了角色对人的不安全行为的动态影响，得出通风设施工、打钻工、瓦斯检查员、爆破工、风筒工最易发生"三违"行为。栗继祖等[73]认为，针对事故的人为失误防范，不能只考虑某一个或几个因素，而需针对外部环境对人身心的影响和人可能产生的不良心理反应，采取有针对性的综合措施。桑志彪等[74]探讨了造成煤矿事故的人因风险因素，认为其具有不确定性、潜在性、环境驱使性和可恢复性四个特点，从心理、生理、素质等方面详细分析了人因风险因素的产生原因。

2. 与组织管理有关的因素研究

20世纪末，国内外许多专家不再满足于仅仅研究个体影响因素，开始向更深层次的影响因素探索，研究方向开始转向组织失误。Wilson-Donnelly等[75]认为，人的失误造成了2/3以上的不安全行为和事故的发生，并认为组织应采取更广泛的措施即宏观措施（如积极的安全文化）来改善工作场所的安全。Hsu等[76]对中国台湾和日本的炼油厂员工进行研究，分析哪些组织因素可以影响这些员工的安全行为，共探讨了包括员工权益、绩效考核、承诺践诺、安全自我效能等在内的13种组织因素，并利用结构方程模型研究这些组织因素对安全行为的影响关系。Kath等[77]认为，组织应重视员工（感觉到组织支持）和安全氛围（包括对安全管理态度的感知、安全工作期望、同事安全行为的压力等），这些会形成安全的工作环境，减少不安全行为的产生。Lu等[78]对台湾五大集装箱码头公司从事集装箱码头作业的336名工人进行问卷调查，通过回归分析研究安全领导与自我报告的安全行为之间的关系，确定了安全领导的三个主要维度（安全动机、安全政策、安全问题），结果表明，安全动机和安全问题会对自我报告的安全行为（如安全遵守和安全参与）产生显著影响，同时安全政策维度对安全参与有积极影响。Leung等[79]对影响建筑工人不安全行为的组织压力进行了分析，通过对395名建筑工人进行因子分析，对五种组织压力（待遇不公、不安全设备、培训规定、缺乏目标设定、工作环境差）和两种压力（情感和身体）与安全行为的关系进行了回归分析，结果表明，安全行为在中度的情感压力中达到最大化，而随着身体压力的增大和不安全设备的使用而降低。

与此同时，国内学者关于组织因素对不安全行为的影响研究也越来越多。刘湘丽[80]对"4·28胶济铁路事故"进行分析，认为命令传达系统、命令执行确认系统、自动控制设备、线路设计等组织因素与人为因素相结合，最终致使事故发生。张力等[81]认为，影响操作员认知行为的组织因素有组织文化、组织结构、规程、培训、交流、监督检查、环境等7个，并认为培训及组织文化对认知行为影响最为显著。肖东生[82]将影响核电站安全的组织因素分为外部影响因素和过程影响因素，建立了组织战略、组织结构、组织管理因素与安全文化因素对核电站安全影响的结构方程，发现教育培训、操作规程、完成任务时间、工作组织及人员配置等组织因素对核电站安全影响最大。曹庆仁等[83]对691名煤矿工人进行问卷调查，研究了管理者的设计行为和管理对煤矿工人不安全行为的影响，结果显示，设计行为对管理行为存在正向的显著影响，并通过管理行为对煤矿工人安全知识和安全动机产生影响。张舒[84]认为，煤矿企业管理者安全行为对企业安全行为绩效的影响作用为正相关，同时社会因素对管理者安全行为的影响作用为正相关。梁振东[85]分析了影响工人不安全行为的8个组织及环境因素，并对735名一线煤矿工人进行问卷调查，采用因子分析建立了组织环境因素对不安全行为意向及行为的结构方程模型，结果显示，违章惩罚对不安全行为意向的影响最大，工作压力对不安全行为的影响最大。林文闻和黄淑萍[86]根据贝叶斯网络原理，研究了运营特征、人力资源、安全文化等组织因素对船员疲劳的影响，认为近海运输市场更易造成船员疲劳，激励程度不一定总是与疲劳程度负相关，安全文化可以隐性影响疲劳。

3. 与人-机-环境有关的因素研究

Wagenaar[87]等认为，操作者所处的物态环境，特别是组织环境中的不良因素导致人因失误概率提高。Papadopoulos等[88]发现，工作环境与工伤事故的发生有很大关系，工作环境改变会对工人的生理如生物节律引发的疲劳产生影响，还会引起工作压力，对工人的身心健康造成影响，这些都可能增加职业事故的发生。Fugas等[89]选取了356名运输系统的工人，将安全氛围与计划行为理论相结合，研究组织的安全氛围与主动遵守安全行为的关系，结果表明，积极主动地遵守安全行为是通过个人和情境因子组合不同的安全模式来实现的。

国内学者对人-机-环境与安全行为关系的研究也取得了一些成果。谢进伸[90]对采煤人-机-环境系统的特殊性进行了分析，指明了系统三要素本身的缺陷，同时运用煤矿安全心理学原理和典型事故案例，对文化、技术素质较低的行为人在采煤恶劣环境下工作产生的不安全行为因素进行详细分析，找出了煤矿事故多发的主要原因，为消除人的不安全行为、减少事故发生提供了对策。张青山等[91]从定性和定量两个方面分析了面向企业生产的人-机-环境系统中人对系统总体效能的影响，并提出了旨在提高系统总体效能和可靠度的人为差错的防范对策。李创起[92]通过对 2002～2011 年我国煤矿发生在掘进工作面的事故详细统计分析发现，人的不安全行为引发的事故占总事故的 92.1%，导致作业人员不安全行为的因素主要有人的生理因素，个性特征因素，以及掘进工作面的温度、湿度、噪声、照度、粉尘浓度、色彩、作业环境等环境因素。左红艳[93]采用耗散结构理论和熵变方程建立了地下金属矿山开采人-机-环境系统安全熵阈限模型，揭示了初始总安全熵过高时地下金属矿山开采人-机-环境系统容易崩溃的原理。徐卫东[49]围绕海洋石油工业的现实特点，从环境影响安全作业到安全生产事故与人-机-环境的相关性、到员工不安全行为特征、再到由主客观压力引起的不安全行为倾向性展开了一系列研究。段瑜[94]以冶金企业员工个体安全行为能力为研究对象，结合某冶金企业历史事故统计资料，通过与测量问卷的相互验证，研究事故与人-机-环境的相关关系，同时基于人-机-环境与事故互动模型的构建，研究了员工个体安全行为能力的趋势和特征，以及评估和提升方法。

4. 与其他有关的因素研究

20 世纪 80 年代，Zohar 首次提出了安全氛围的概念并对安全维度进行了分析，在随后的研究中，国内外许多学者开始发现安全氛围会显著影响员工的安全行为，或者通过一些中间变量（安全动机、安全态度、思维习惯等）对安全行为产生影响。Seo 对跨国粮食公司中工人的不安全行为影响因素进行了分析，认为安全氛围、危险程度、工作压力、风险感知、知觉障碍会对不安全行为产生影响，并采用结构方程模型中的二阶因子模型来解释，认为安全氛围对不安全行为的作用最为显著，并通过三种路径影响不安全行为。Clarke 研究了安全氛围、安全行为与安全事故之间的关系，通过一项元分析发现，安全氛围相比于安全事故，对安全行为有显著影响。Pousette 研究了安全氛围对建筑业工人不安全行为的影响，发现安全氛围是二阶因子，经过一段时间可以对安全行为产生影响，认为两者之间存在因果关系。Bosak 对化工厂的 623 名工人进行研究，对影响安全氛围的三个因素（对安全的管理承诺、安全优先、生产压力）及其关系进行了回归分析，并分析了其对工人不安全行为的影响程度。

国内学者对安全氛围与安全行为关系的研究也取得了一些成果。周全和方东平[95]对同一家建筑企业进行两个时间阶段的问卷调查，研究了安全氛围与安全行为（安全规范遵守、事故率）之间的关系，发现安全氛围随着时间对事故率的影响显著增加。赵显[96]通过两个实证对企业安全氛围与员工行为的关系进行了研究，发现安全氛围对安全行为显著正相关，同时管理承诺、员工参与是安全氛围的重要组成因子。何雄伟[97]研究了安全氛围的三个维度（安全管理、安全态度、安全意识）与安全行为的关系，发现安全管理对安全行为的影响最显著。邹晓波和毕默[98]对重庆市的建筑企业进行了分析，研究安全领导力、安全氛围对安全行为的影响关系，发现员工的参与、工友的行为及影响、安全态度是影响安全行为的主要因素。吴建金等[99]对建筑企业进行问卷调查，采用中介效应法研究了安全氛围、个人安全认知、安全行为之间的关系，发现安全氛围与安全行为的影响正相关，而两者之间的中间变量是安全意识、安全态度、安全参与。

1.5.5　不安全行为控制策略

不安全行为在事故的发生中起着主要作用，它不仅可以导致事故隐患的存在，而且可以触发事故隐患发生事故。因此，控制不安全行为的发生可以大大降低事故的发生概率。然而，行为安全与人本身的特性、工作环境和管理状况有着密不可分的关系，如图 1.9 所示。因此，控制不安全行为主要从以下几个方面下手。

（1）工作环境的安全化。行为者的每项行为都是在一定的环境中进行的，不安全的环境会直接影响人的不安全行为。因此，必须建立良好的工作环境，有效控制危险源，避免由环境缺陷导致的不安全行为。

（2）组织管理的安全化。建立完善的安全制度；执行严格的工作现场检查；适当运用激励和惩罚手段；创立良好的安全工作氛围。

（3）人的安全化。人的安全化是指作业人员操作技能水平、生理状况、心理状态达到安全的要求。想要达到人的安全化，所要采取的措施有提高人的安全技能、合理调节人体生物节律、强化人的安全意识、调节好人的情绪等。

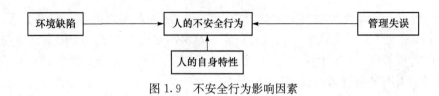

图 1.9　不安全行为影响因素

1.6　本书主要内容

1.6.1　研究内容

本书的研究内容主要分为以下几个部分。

(1) ABC 分析法研究背景。主要介绍 ABC 分析法的定义、相关理论、国内外研究现状和主要研究内容。

(2) 煤矿工人安全心理测评体系的构建。基于矿井职务分析，研究设计比较可靠的和理想的煤矿从业人员安全心理测评工具，并与煤矿职务特性重要性排序表、履行安全职责外部评价表共同组成煤矿安全心理测评体系，是 BBS 管理的基础。

(3) 煤矿工人行为安全影响因素分析及作业体系的构建。从人员个体、组织管理、人-机-环境三方面详细分析煤矿事故中不安全行为的影响因素，基于调查问卷，采用因子分析法提取出关键影响因子，构建煤矿事故不安全行为影响因素指标体系；并在影响因素分析的基础上构建煤矿安全作业体系，对不安全行为产生的原因从根源上进行消除，经过长期的、反复不断的修正和强化，使整个作业系统形成一个安全合理的长效机制。

(4) 安全行为作业体系测量与评价。主要考虑施测对象的特点和所处环境，结合影响煤矿工人不安全行为的主要因素和不安全行为的形成机理，在一般心理、行为测量的基础上编制较为方便合理的安全行为心理测量表，对安全行为作业体系下煤矿工人的安全行为状况进行测量，根据测量得到的数据基于灰色模糊综合评价模型对当前的作业体系进行安全等级评价，验证构建的作业体系的实用性和可靠性，根据评价结果对作业体系进行继续推进或者改善的机制。

(5) ABC 管理实施。主要是通过 ABC 分析法对现场观察搜集到的不安全行为情况加以详细分析，在系统思想的指导下找出不安全行为的根本原因，建立行为改善模型，并根据 ABC 分析结果进行 BBS 预控管理。

(6) 实例研究。主要是对王庄煤矿工人的不安全行为资料进行搜集和改善，并构建出适合该煤矿工人的安全作业体系，运用灰色模糊综合评价方法评价该煤矿工人作业体系的安全等级。运用 ABC 分析法对不安全行为产生的原因进行探究，在此基础上运用 BBS 管理进行安全预控管理。

1.6.2 研究方法

本书以系统科学、行为科学和管理科学相关的理论为指导，在 ABC 分析的基础上，结合煤矿工人不安全行为的相关研究，参考大量文献，以已有资料为基础，外加实地调研等进行研究。运用的主要研究方法如下：

1）系统科学的方法

本书运用系统论的观点分析煤矿工人不安全行为的原因和特征，并以系统科学的方法为理论基础，遵照系统的原则，采用相应的系统结构，构建出安全行为作业体系。

2）行为科学的方法

通过对煤矿工人不安全行为原因的分析，找出导致不安全行为的根本原因，并运用行为科学包含的安全心理学、工效学、组织行为学和工业工程等方法分析不安全行为。

3）现场调查法

在 ABC 分析法的行为分析阶段和行为测量阶段均运用现场调查方法对煤矿作业人员的行为进行搜集、记录并加以分析和利用。

4）模型方法

在不安全行为矫正和对安全行为作业体系进行评价时，多处用到模型方法，使研究内容更加具体和可靠。

5）定量与定性结合的方法

先用定性的方法对行为进行分类和指标分析，再结合测量表把行为定量地表示出来，增加对行为了解的精确度，为行为的控制提供更有力的支持。

其他研究方法还有图表法、文献分析法、实例研究法等。

1.6.3 创新之处

(1) 本书把 ABC 分析法单独提取出来解决煤矿工人不安全行为，在 ABC 原因分析的基础上与 BBS 预控管理相结合，打破传统的不安全行为控制模式，从根源上使操作安全化。

(2) 本书运用多学科结合的方法构建安全行为作业体系，使整个人-机-

环境系统都达到高度的拟合，实现了本质的安全，尤其是工业工程方法、系统工程思想等在作业现场的改善应用给行为安全提供了"以人为本"的、全面的改善和管理方法。

（3）本书编制的行为测量表为研究煤矿作业人员的行为提供了定量化的工具，同时灰色模糊评价方法在煤矿工人安全行为作业体系的评价中应用也是一项新的尝试。

第2章 煤矿工人安全心理测评体系的构建

2.1 基于职务分析的煤矿工人安全心理测评指标的选取

2.1.1 事故的安全心理分析

1. 瓦斯爆炸事故

矿井瓦斯爆炸事故的发生需要具备三个条件：一定的瓦斯浓度，瓦斯浓度为 5%~16%；一定的引火温度，点燃瓦斯的最低温度为 650~750℃，且存在时间必须大于瓦斯爆炸的感应期；充足的氧气含量，氧气浓度不得低于 12%。

要保证瓦斯浓度在安全范围内，这就要求矿井通风岗位人员如瓦斯检查员、测风员、通风设施工、检测系统维修工、测尘员、瓦斯抽放工、通防仪器维修工等办事认真严谨、责任感强、敬业。另外，很多情况可能引起瓦斯积聚，如停电，因此无论是采掘人员还是其他工种人员，在使用电气设备时：应严格按规程操作，避免超负荷运转，电线电缆等摆放整齐，避免短路；注意地线的保护，不得蛮力拖拽；任何情况下需要临时使用电源，如放炮人员放炮时都不得打开动力线作为电源；无论井下还是井上维修人员，在进行支架等设备维护工作时，一定要防止砍断电缆电线；机电人员要保证各种设备上设置独立开关，装风机要使用独立的稳定性更高的线路，避免其他电器设备影响风机的正常运转等。井下抽烟、电气火花、违章放炮、煤炭自燃、明火作业等都有可能引起井下火灾，必须避免。

2. 顶板事故

顶板事故多发生在新开的矿井中，工人还没有熟练掌握顶板的情况，容易发生顶板事故；收尾工作面，顶板压力较大，容易发生顶板事故；另外，周期来压、初次来压，也容易发生顶板事故。而对于顶板和压力状况都良好的场所，发生顶板事故主要是由工人的经验主义、自以为是、麻痹大意而发生的违章作业引起的。

3. 矿井火灾

矿井火灾的发生一般分为内因火灾和外因火灾。

内因火灾中，煤的化学成分和碳化程度是影响煤自燃倾向的重要因素。预防自燃措施的基本原则是减少矿体的破坏和碎矿的堆积，以免形成有利于矿石氧化和热量积聚的漏风条件。①选择正确的开拓开采方法。合理布置巷道，减少矿层切割量，少留矿、煤柱或留足够尺寸的矿、煤柱，防止压碎，提高回采率，加快回采速度。②采用合理的通风系统。正确设置通风构筑物，减少采空区和矿柱裂隙的漏风，工作面采完后及时封闭采空区。③预防性灌浆。

外因火灾中，一切产生高温或明火的器材设备，如果使用管理不当，就有可能点燃易燃物，造成火灾。在中、小型煤矿中，各种明火和爆破工作常是外因火灾的起因。随着机械化程度的提高，机电设备火灾的比例逐渐增加。预防外因火灾的主要措施有：煤矿井下禁止吸烟和明火照明；电气设备和器材的选择、安装与使用，必须严格遵守有关规定，配备完善的保护装置；要定期检查机械运转部分，防止因摩擦产生高温，采煤机械截割部位必须有完善的喷雾装置，防止引燃瓦斯或煤尘；易燃物和炸药、雷管的运送、保管、领发和使用，均应遵守有关规定；尽量用不燃材料代替易燃材料；一些主要巷道和机电硐室必须砌筑或用不燃性材料支护；有些地点要设防火门。

4. 透水事故

矿井在建设和生产过程中，地面水和地下水通过裂隙、断层、塌陷区等各种通道涌入矿井，当矿井涌水超过正常排水能力时，就会造成矿井水灾，通常也称为透水。矿井开采前都会进行详尽的水量分析，工人作业时只要严格按照规程操作，就可以避免悲剧的发生。

5. 井下避灾

灾害事故发生后，处于灾区内以及受波及区域的人员应沉着冷静，根据灾情和现有的条件，在保证安全的前提下，采取积极有效的方法和措施，及时投入现场抢救，把事故消灭在最初阶段或控制在最小的范围，最大限度地减少事故造成的损失。当现场不具备事故抢救条件，或可能危及人员的安全时，井下人员应想方设法迅速安全地撤离灾区。如果在短时间内无法安全撤离，遇险人员应在灾区内进行自救和互救，妥善避难，努力维持和改善自身生存条件，等待救援。

综上分析，在矿井作业中，灾害的预防不仅仅要求相关工种，而是所有井下人员，必须严格遵照《煤矿安全规程》的有关规定。而要达到安全行为要求，除了按操作规程进行作业，井下作业人员要求办事认真、仔细、谨慎，在没有他人在场监督时严于自律，对待各种事情责任心强，不粗心大意、抱侥幸心理，或不应自以为是，听从他人劝告，办事不怕麻烦，情绪波动小，能不受家属、社会琐事对自己工作的干扰，则要达到操作规程的要求就更有把握。事实上，许多事故的发生往往是由当事人心理素质低下、麻木、侥幸，以及现场管理混乱无视规程造成的。如果井下所有工人都做到严格按规矩办事，责任感强、敬业，就可以避免事故的发生。

2.1.2　基于安全工作分析与职务分析的心理因素要求

在对王庄煤矿井下作业岗位说明书进行详尽研究的基础上，分析煤矿工人岗位主要职责、工作职责、岗位权限、业绩指标、任职要求及工作环境。

综采安装专业涵盖了井下作业的主要工种，主要涉及煤炭生产、顶板支护、设备安装等各项工作。掘进开拓队组主要负责掘进、开拓施工，以及掘进、开拓的生产衔接。采煤工主要负责井下生产工作及采煤设备维护工作，主要工作地点为掘进工作面，采煤工工作劳动强度较大，工作环境艰苦复杂，工作性质单一枯燥，长时间的工作容易使员工懈怠与分心，责任心对于采煤工显得尤为重要。

机电安全管理是矿井安全管理中的重要环节，主要任务是围绕煤炭生产要求，从机电设备的进货、验收、安装、检修、运转、使用维护等各个环节进行质量监督和管理，使机电设备最大限度地为煤炭生产服务。我国现代化煤矿运输系统普遍达到了高度机械化的程度，所以运输队组的主要工作就是操控各种大型机械。机电工与运输队组的工人要求对设备进行强制维护保养和调整工作。运输设备维护工作性质相对复杂，按照操作规程工作十分重要，这就要求其具有较强的自我约束能力，机电工主要负责及时检查各种设备的工作状况，这就要求机电工有谨慎细心的品质，重视规则和程序。

"一通三防"的瓦检队、通风队、防尘队主要负责矿井的瓦斯监测及各种仪表的维护与检测工作，该类工作强度不大，但相对比较烦琐、单一，工人常因长时间的工作而产生懈怠心理，对危险源麻木，存在侥幸心理，这就要求其有较强的自觉性和责任心。

矿井事故中，传统的分类有顶板、瓦斯、机电、运输、放炮、火灾、水害事故等。矿井作业人员，包括瓦检员、安全员，对这些事故进行预防时在注意力集中程度，对封闭环境的适应力、情绪的控制力，以及对危险源出现的警觉等方面提出了更高的要求。另外，在我国矿井作业人员大多数是教育程度偏低的农民工的前提下，对安全管理人员的综合心理素质也提出了更为严格的要求。在矿井事故人因调查的过程中不难发现，未按操作规程办事、习惯性违章、情绪波动、胆大冒险、应变能力不够等成为事故发生的主要人为原因。而对于事故易发人员的特点，则主要集中在责任心不强、安全意识不够等方面[4]，具体可归纳为麻痹大意、侥幸心理、省能心理、疲劳、个性原因、情绪波动、设备原因、近期生活事件、工作环境、逆反心理等十个方面。

下面通过分析矿井事故发生原因中的人因结合安全心理学对事故发生的心理过程和心理特征的研究，对井下作业易发生事故的主要工种（包括掘进工作面的各工种、机电队、运输队）作业人员（职务 1），瓦检员、安全员（职务 2），专职安全管理人员（职务 3）基于信息流进行安全职务分析：

（1）确定将要进行分析的对象和内容；

（2）进行系统的规划，将待分析对象的工作职务划分为各个步骤进行逐步分析；

（3）从不同角度分析各个步骤中工作人员心理要素须具备的要求。

分析结果如表 2.1 所示。

表 2.1　基于职务分析的矿井作业人员安全心理要素分析表

职务工作要素	工作职能	职务	影响行为的主要心理要素
信息输入	1. 下井岗前技能培训 2. 岗前安全技能培训	1	观察力，注意力，理解力，记忆力
		2	观察力，注意力，理解力，记忆力
		3	观察力，注意力，理解力，记忆力
心理过程	1. 坚持不懈完成任务 2. 低监督条件下工作 3. 需要时承担责任 4. 根据情况作出判断 5. 推理分析抽象信息 6. 作出决定	1	坚毅性，自律性，责任感，判断力
		2	工作热情，自律性，责任感，判断力
		3	自律性，责任感，解决问题能力，决策力

续表

职务工作要素	工作职能	职务	影响行为的主要心理要素
工作输出	1. 制定工作方针 2. 完成复杂工作 3. 适应重复性工作 4. 适应关键性和有严格要求的工作	1	安全意识，适应压力，工作技能，适应力 1
		2	精力充沛，工作技能，适应力 1，适应压力
		3	计划力，适应压力，工作技能
人际关系	1. 言语清楚，有效表达 2. 单独工作与人接触少 3. 抵制诱惑，按照伦理道德观察处理问题 4. 情绪稳定 5. 能够与人合作	1	交流力，理智，合作力
		2	内向性，交流力，理智，合作力
		3	交流力，理智
工作环境	1. 适应井下危险以及恶劣的工作环境 2. 对变化及危险源警觉 3. 对异常现象及时采取有效措施	1	适应力 2，敏感性，应变性
		2	适应力 2，敏感性，应变性
		3	敏感性

注：适应力 1 代表适应复杂工作的能力；适应力 2 代表适应危险工作的能力。

职务分析过程中发现，自律性、责任心、情绪稳定、主动性是保证安全生产的必备品质。

安全与个体的关系主要体现在两个方面：心理过程与安全，个性心理与安全。心理过程包括认知心理、情绪和情感心理、意志与注意；个性心理包括需要和动机、兴趣、性格、气质、能力[100]。在职务分析结果中可以看到，所总结出的心理要素涵盖了安全心理学提出的安全影响因素，这种分析方法可以比较全面、有针对性地分析每个职位对人员的具体要求，为人员安置提供合理的依据，为与人的因素有关的安全问题提供新的解决办法。将安全心理要素作为煤矿井下从业人员心理测评的指标，为安全心理测评指标体系的构建提供了基础[101]。

2.1.3　井下作业安全心理测评指标体系的构建

为进一步对归纳出的心理要素进行总结和分析，本阶段使用访谈式问卷调查法，对职务分析所得出的影响安全生产的心理要素进行进一步筛选。研究过程中充分考虑我国煤矿工人的心理特点，同时着重考虑作业人员显著的个性心理，对各工种作业人员、安全员、瓦斯检查员进行了心理访谈。访谈对象为王庄煤矿随机挑选的井下从业人员 135 人，其中各工种作业人员组 80 人（包括来自机电队、综采队、运输队、调度室的各工种一线、二线煤矿工人），以下统称为一组；安全员组 30 人（包括现场安全员、监控室监督员和瓦斯检查员、通风员等），以下统称为二组；安全管理人员组 25 人，以下统称为三组。访谈参照工具为根据前期资料调查以及职务分析的结果，确定出的与矿井安全作业有关的 22 项（适应力 1、适应力 2 与适应压力并称为适应性）心理要素所编制的调查问卷：煤矿井下从业人员心理测试。

该问卷共包含 46 道题目（其中包括 6 道 L 量表题目），对每个心理要素根据其内涵大小分别编制 1～3 个生活化、口语化的问题对被测试人员进行提问。每个要素的得分为其问题的加权平均。问卷经过进一步的测试和改进，达到了心理问卷的要求。

1. 问卷信度及效度分析

该问卷的信度分析采用内部一致性信度作为度量指标。如表 2.2 所示，总体 Cronbach's alpha 系数均大于 0.85；各分问卷的 Cronbach's alpha 系数也均在 0.60 以上（多数为 0.70 以上），信度指标良好。

表 2.2　煤矿从业人员心理测试问卷信度

问卷成分	1～3	4～6	7～9	10～12	13～15	16～18	19～21	22,23	总体
内部一致性信度	0.720	0.810	0.745	0.671	0.887	0.789	0.872	0.743	0.873
Cronbach's alpha 系数	0.643	0.756	0.667	0.657	0.734	0.678	0.702	0.765	0.883

问卷是根据理论建构、开放式问卷对被测试人员进行观察的基础上编制的，同时以专家效度作为内容效度的检验指标。共邀请了 4 名心理学专家和 1 名企业管理人员对测验项目与原定内容的符合性进行判断，采用 Likert 五点评定，结果表明，问卷内容效度良好（评分在 4 分以上）。评分情况见表 2.3。

表 2.3　煤矿从业人员心理测试问卷效度

问卷成分	1～3	4～6	7～9	10～12	13～15	16～18	19～21	22,23
评分均值	4.5	4.7	4.6	4.6	4.4	4.7	4.5	4.3

2. 筛选安全心理测评指标

问卷访谈结束后，得到有效问卷 122 份，其中一组 72 份，二组 27 份，三组 23 份。对问卷所得结果进行如下数据分析：

第一步，运用 SPSS 对安全心理指标与现场不安全行为记录进行相关分析。相关系数 r 的计算选用 Pearson 积差相关系数，其计算基于式（2.1）。当相关系数 r 的绝对值不大于 0.30 时，变量之间呈弱相关关系。因此，该过程删除了 7 个总相关和多重相关平方和小于 0.30 的心理指标，分别为判断力、解决问题能力、决策力、计划力等，结果见表 2.4。

$$r=\frac{\sum\left(\dfrac{X-\overline{X}}{S_X}\right)\left(\dfrac{Y-\overline{Y}}{S_Y}\right)}{n}=\frac{\sum(X-\overline{X})(Y-\overline{Y})}{nS_XS_Y} \tag{2.1}$$

表 2.4　煤矿从业人员安全心理要素统计

要素序号	校正的总相关	排除情况	要素序号	校正的总相关	排除情况
要素 1	0.350		要素 4	0.274	排除
要素 10	0.098	排除	要素 14	0.329	
要素 19	0.342		要素 22	−0.198	排除
要素 18	0.546		要素 7	0.429	
要素 17	−0.211	排除	要素 3	0.312	
要素 8	0.402		要素 21	0.287	排除
要素 2	0.366		要素 6	0.355	
要素 11	0.399		要素 12	0.516	
要素 15	0.408		要素 13	0.537	
要素 5	0.381		要素 9	0.167	排除
要素 16	0.288	排除	要素 20	0.310	

第二步，根据各心理要素的得分情况，对指标进行由高到低排序，汇总所有问卷进行数据分析。这里采用的是 SPSS 对问卷各心理要素的排序。SPSS 的排序分析，其变量定义与多选题的格式是相同的，在统计分析时采用单选题的模式加以统计分析。在此问卷中，按照重要性程度分别给出指标 1～5 分的得分，得分高表示该心理要素在问卷调查中为最重要，反之，得分越低则表示该要素被认为越不重要。内向性、理解力和坚毅性得分均在 3.5 以下，根据重要性程度分析，可予以排除处理，故不在表中呈现。表 2.5 给出了得分在 4.0 以上的 15 个心理要素。

表 2.5　煤矿从业人员重要心理要素得分表（得分 4.0 以上）

心理要素	统计量 N	极小值 统计量	极大值 统计量	均值		标准差 统计量
				统计量	标准误	
理智	122	4.00	5.00	4.7823	0.10083	0.42779
适应性	122	3.00	5.00	4.6235	0.14003	0.59409

续表

心理要素	统计量 N	极小值统计量	极大值统计量	均值		标准差统计量
				统计量	标准误	
精力充沛	122	4.00	5.00	4.6111	0.11824	0.50163
安全意识	122	4.00	5.00	4.6098	0.10297	0.36872
敏感性	122	3.00	5.00	4.5721	0.14512	0.61570
注意力	122	4.00	5.00	4.5563	0.12052	0.51131
观察力	122	3.00	5.00	4.4875	0.16612	0.70479
责任感	122	4.00	5.00	4.4444	0.12052	0.51131
自律性	122	4.00	5.00	4.3889	0.11824	0.50163
合作力	122	3.00	5.00	4.3842	0.16447	0.69780
交流力	122	3.00	5.00	4.3234	0.21390	0.90749
工作热情	122	3.00	5.00	4.2778	0.15771	0.66911
应变性	122	3.00	5.00	4.2125	0.17255	0.73208
工作技能	122	3.00	5.00	4.1667	0.20211	0.85749
记忆力	122	3.00	5.00	4.0556	0.17097	0.72536
有效的 N（列表状态）	122					

从表 2.5 可以看出，从业人员对井下安全作业心理要素的重要性看法存在的差异并不大，每一种心理要素的离散程度都不是很高。从众数比较来看，理智被排在首位。因此可以看出，工作中能抵制诱惑、按照伦理道德观察处理问题，工作过程能保持情绪稳定、心态平和被从业者认为是安全生产最为重要的心理保证。所以，在人才选拔过程中，一个人是否能时刻保持理智状态，不会为生活琐事、人际关系烦恼影响工作情绪要作为第一测量要素。其他心理要素也应当得到足够的重视。

筛选出来的指标在外延上有一定的交叉，为了对心理因素进一步凝练，采用 SPSS 进行聚类分析，将相似性较高的心理因素聚类为同一个维度。SPSS 对变量进行聚类分析时，考察变量之间的关系常采用相似性系数表示。相似性系数是描述测量指标之间相关程度的指标，取值范围为 [−1, 1]，相似性系数越大，变量之间的相似性就越强。聚类时，相似的系数归为一类，不相似的变量归到不同的类别。相似性系数的计算方法常见的有积差相关系数和夹角余弦，心理因素聚类分析采用了积差相关系数。

积差相关系数：

$$r_{ij} = \frac{\sum_{k=1}^{p} (x_{ik} - \bar{x}_i)(x_{jk} - \bar{x}_j)}{\sqrt{\sum_{k=1}^{p} (x_{ik} - \bar{x}_i)^2} \cdot \sqrt{\sum_{k=1}^{p} (x_{jk} - \bar{x}_j)^2}} \qquad (2.2)$$

式中，x_{ik} 表示样本 i 在变量 k 上的值，$\bar{x}_i$ 表示所有变量在样本 i 上的均值。

经过聚类，筛选所得的 15 个指标分成自律性、责任感、理智、安全意识、团队合作、主动积极性、严谨认真、主观自负性 8 类，将作为心理测评体系建设问卷编制的 8 个维度，8 个维度的主要含义见表 2.6。

表 2.6　安全心理测试预测问卷的维度及主要含义

维度	含义
自律性	遵守规则、自我约束与管理
责任感	对工作的责任感、自觉承担
理智	认识危险、理解、思考和行为控制
安全意识	重视安全
团队合作	合作、善于沟通
主动积极性	积极、主动、向上
严谨认真	认真、细致、有次序
主观自负性	冒险、敢为、冲动、逞能

大量的文献显示，意外事故中人的因素主要包括疲劳、情绪波动、注意力分散、判断错误、人际关系等。职务分析发现，自律性、责任感、情绪稳定、主动性是煤矿工人保证安全生产的必备品质。在调查研究中，访谈对象谈到事故原因时频率最高的词汇也可以归纳为自负心理、侥幸心理、麻痹大意、安全意识薄弱等。

2.2　问卷编制过程

根据调查结果，结合文献综述，编写初始题目，每个维度有 6 个项目，共 48 个项目。L 量表包括 5 个项目，共计 53 个项目。初始问卷采用五级评分法，每道题的选项包括"非常符合"、"比较符合"、"不确定"、"比较不符合"、"非常不符合"五个等级，对应评分为 1、2、3、4、5。其中 17 个项目为反向积分，对应评分为 5、4、3、2、1。L 量表不计分。

问卷的指导语如下：以下是一些与您的生活和工作相关问题的陈述，请对照自己的实际情况，从"非常不符合"、"比较不符合"、"不确定"、"比较

符合"、"非常符合"中选出最符合您的一项，并在右边相应的方格中打
"√"。回答没有对错之分，请按真实情况回答。

　　初步问卷完成后，在预测之前，专门在王庄煤矿由安全副矿长、安监处
长、安全员代表、工人代表组成的研讨会，针对每个项目进行了仔细斟酌，
修改和修正项目 4 个。

　　经过 1 名企业管理人员和 4 名心理学专家对项目内容进行初步审核、修
改和增删后，确定了 53 个项目（其中反向题 17 个，L 量表项目 5 个）。形
成煤矿从业人员安全心理测试问卷（第一版）。

　　问卷初步修改后，煤矿从业人安全心理测试问卷（第一版）在矿井进行
预测，发放问卷 120 份，回收有效问卷 108 份，回收率为 90%。删除总相
关小于 0.30 的项目。

　　项目分析后，煤矿从业人员安全心理测试问卷（第二版）开始正式测
试。样本采取分层抽样的方法，在综采队、安装队、掘进队、准备队、回收
队、开拓队、设备科、电气科、机械科、安调科、安技科、地面安全科、运
输科、机运科、防尘队、通风队、瓦检队选取被试者 335 人，回收有效问卷
302 份，有效回收率为 90%。其中 151 份被试者用于探索性因素分析，另外
151 份被试者用于验证性因素分析。问卷被试者构成如表 2.7 所示。

表 2.7　测试问卷被试者构成

工种	综采安装	掘进开拓	机电	运输	一通三防	其他	合计
人数	78	71	49	53	42	9	302

　　使用统计软件 SPSS 17.0 和 AMOS 17.0 对数据进行处理，对正式问卷
的数据进行探索性因素分析和验证性因素分析，并采用内部一致性系数作为
信度的度量指标，最终完成问卷编制。

2.3　问卷研究结果

2.3.1　项目分析

　　对煤矿从业人员安全心理测试问卷（第一版）进行施测，并进行项目分
析，项目分析结果见表 2.8。项目分析时，首先删除 7 个总相关和多重相关
平方和小于 0.30 的项目，然后删除重要性程度低的 3 个项目，把剩余的 42
个项目随机编排，形成煤矿从业人员安全心理测试问卷（第二版）。

表 2.8　总相关统计量

项目	校正的总相关	删题情况	项目	校正的总相关	删题情况
项目 1	0.350		项目 5	0.274	删除
项目 10	0.359		项目 14	0.329	
项目 19	0.337		项目 23	0.445	
项目 28	0.550		项目 32	0.429	
项目 37	0.211	删除	项目 41	0.312	
项目 46	0.402		项目 50	0.497	
项目 2	0.366		项目 6	0.355	
项目 11	0.468		项目 15	0.516	
项目 20	0.508		项目 24	0.537	
项目 29	0.381		项目 33	0.267	删除
项目 38	0.388		项目 42	0.310	
项目 47	0.244	删除	项目 51	0.450	
项目 3	0.321		项目 7	0.415	
项目 12	0.387		项目 16	0.565	
项目 21	0.381		项目 25	0.389	
项目 30	0.301		项目 34	0.196	删除
项目 39	−0.125	删除	项目 43	0.404	
项目 48	−0.375	删除	项目 52	0.418	
项目 4	0.252	删除	项目 8	0.385	
项目 13	0.348		项目 17	0.168	删除
项目 22	0.451		项目 26	0.334	
项目 31	0.469		项目 35	−0.065	
项目 40	0.435		项目 44	0.346	
项目 49	0.427		项目 53	−0.146	删除

2.3.2　探索性因素分析

首先对数据进行 KMO 检验和 Bartlett 球形检验，检验数据是否适合做探索性因素分析。结果表明，KMO 值为 0.812，Bartlett 球形检验中 $p <$ 0.001，说明变量之间存在相关性，有共享因素的可能，适宜进行因素分析。用主成分分析法从 39 个项目中抽取公共因素，用极大方差正交旋转进行因素分析。根据以下标准确定因素的数目：根据各因素的特征值大于 1（表 2.9）来确定需要保留的因子；同时各因子的题数不能少于 3 个，删除在两个因素上有相近贡献率的项目及旋转后无法解释的项目。

表 2.9　解释的总方差

成分	提取平方和载入			旋转平方和载入		
	合计	方差/%	累积贡献率/%	合计	方差/%	累积贡献率/%
1	7.808	24.399	24.399	3.059	9.560	9.560
2	2.189	6.841	31.240	2.887	9.021	18.581
3	1.957	6.114	37.354	2.877	8.990	27.571
4	1.631	5.097	42.451	2.507	7.834	35.404
5	1.558	4.869	47.320	2.243	7.010	42.414
6	1.346	4.206	51.526	1.851	5.786	48.200
7	1.232	3.849	55.375	1.760	5.501	53.701
8	1.083	3.384	58.759	1.618	5.058	58.759

注：提取方法为主成分分析法。

每删除一个项目都重新进行因素分析，最后抽取 8 个共同因素（32 个项目），累积贡献率为 58.759%，各因素特征根和累积贡献率见表 2.9。

根据因素分析结果，把理论构想的维度与探索性因素分析的结果进行对比，发现旋转后没有变化，说明因素分析后得到的 8 个维度基本与理论构想相吻合。结果见表 2.10。

表 2.10　旋转成分矩阵

项目	成分								公共因子
	1	2	3	4	5	6	7	8	
项目 1	0.53								0.499
项目 10	0.51								0.396
项目 19	0.706								0.579
项目 28	0.729								0.722
项目 46	0.631								0.598
项目 13		0.796							0.731
项目 22		0.737							0.716
项目 31		0.602							0.554
项目 40		0.611							0.597
项目 49		0.542							0.633
项目 14			0.731						0.671
项目 23			0.648						0.705
项目 32			0.529						0.501
项目 41			0.683						0.618

续表

项目	成分								公共因子
	1	2	3	4	5	6	7	8	
项目 50			0.588						0.669
项目 15				0.515					0.671
项目 24				0.526					0.584
项目 42				0.679					0.519
项目 51				0.536					0.518
项目 7					0.681				0.544
项目 16					0.537				0.551
项目 43					0.521				0.522
项目 52					0.67				0.565
项目 8						0.748			0.652
项目 26						0.602			0.449
项目 15						0.606			0.519
项目 20							0.691		0.716
项目 29							0.52		0.538
项目 38							0.537		0.502
项目 3								0.528	0.403
项目 12								0.723	0.615
项目 21								0.828	0.746

2.3.3 验证性因素分析

对正式问卷的数据进行验证性因素分析，从拟合指数分析验证性因素分析结果的有效程度。在拟合指数中选取相对稳定并被学者推荐使用的一些指数作为拟合优度的检验指标，它们分别是绝对拟合指数 χ^2、$\chi^2/\mathrm{d}f$、RMSEA（root mean square error of approximation，近似误差均方根）等，以及相对拟合指数 NNFI（非规范拟合指数）、CFI（比较拟合指数）等。

在众多拟合性指标中，χ^2 是最常使用的一个，它与自由度一起使用可说明模型正确性的概率。$\chi^2/\mathrm{d}f$ 是直接检验样本协方差矩阵和估计的协方差阵之间相似程度的统计量，它的理论期望值是 1，协方差矩阵和估计的方差矩阵之间的相似程度越大，模型的拟合性越好。在样本容量大的情况下，$\chi^2/\mathrm{d}f$ 在 5 左右即可接受。

RMSEA 是现行的比较公认的检验模型拟合性的指标，其值在 0～1 区间。通常 RMSEA 值在 0.08 以下说明模型有比较好的拟合性。

比较拟合指数（comparative fit index，CFI）、规范拟合指数（normed fit index，NFI）和非规范拟合指数（non-normed fit index，NNFI，又称 TLI）是应用最为广泛的相对拟合指数（relative fit index）。相对拟合指数是比较一个模型与另一个模型的绝对拟合，主要通过比较模型与一个基本模型（这个基本模型可以是独立模型或饱和模型）的拟合情况来检验所考察模型的整体拟合程度。

数据检验结果见表 2.11。结果表明，χ^2/df 在 2～5 区间，RMSEA 小于 0.1，NNFI、CFI 均大于 0.9，各项拟合指标均在可接受的范围之内，问卷的结构效度良好。

表 2.11　验证因素分析的拟合指数（$N=151$）

χ^2	df	χ^2/df	GFI	AGFI	SRMR	NNFI	CFI	IFI	RMSEA
1238.02	298	4.15	0.92	0.93	0.93	0.92	0.93	0.94	0.053

2.3.4　问卷信度分析

信度分析采用内部一致性系数作为信度的度量指标。如表 2.12 所示，预测问卷和正式问卷总体 Cronbach's alpha 系数均大于 0.80，各分问卷的 Cronbach's alpha 系数均在 0.53 以上（多为 0.70 以上），表明信度指标良好，适合今后的研究工作使用。

表 2.12　煤矿从业人员安全心理测试问卷信度

指标	1	2	3	4	5	6	7	8	总体
内部一致性信度	0.719	0.823	0.734	0.692	0.853	0.792	0.833	0.728	0.835
Cronbach's alpha 系数	0.634	0.773	0.701	0.684	0.798	0.536	0.600	0.793	0.813

2.3.5　问卷效度分析

问卷是在理论分析和对被试者进行观察的基础上编制的，同时以专家效度作为内容效度的检验指标。共请了 4 名心理学专家和 1 名企业管理人员对测验项目与原定内容的符合性进行判断，采用 Likert 五点评定，结果表明，问卷内容效度良好（评分在 4 分以上）。评分情况见表 2.13。

表 2.13　安全心理测试问卷专家效度评定表

指标	自律性	责任心	理智	安全意识	团队合作	主动积极性	严谨认真	主观自负性
评分均值	4.5	4.7	4.6	4.6	4.4	4.7	4.5	4.3

2.4　煤矿从业人员安全心理测评问卷分析讨论

2.4.1　自律性

自律性是指人在遭受诱惑、阻力、敌意、压力时保持冷静、抑制负面情绪和行动的能力，也可以说是耐力、抗压性、保持冷静的能力，用来表现个体自我控制的能力，是个人对自身心理与行为的主动掌握。常见的自律性行为包括不容易冲动、可以抵御不适当行为的诱惑、在压力情况下保持冷静、寻找可以接受的方法缓解压力、即使在压力下也会以正面的方式来面对问题。

自律性高的人能够严格地遵守规则和程序；自律性低的人则得过且过，在采掘一线作业中容易造成不安全行为，主要的表现为不按操作规程办事、因惰性而习惯性违章、疲劳作业等。

2.4.2　责任心

责任心是对待职责范围内的事情的态度，即通常所说的尽职尽责，具体包括：并不十分明确自己的职责，但是能够按照站长要求进行生产；明确自己的职责，但是责任感一般，仅限于完成任务规定的工作量；责任感和集体荣誉感都较强，积极完成工作任务，并且有始有终；完成自己任务的同时，协助其他成员有效生产，并能够坚持到底；明确自己作为各种社会角色的职责，并能够很好地协调。

责任心强的人努力、认真工作，对自己和他人负责；责任心不强的人则工作积极性不高，较少考虑自身与他人的安全。

2.4.3　理智

理智主要表现在情绪稳定上，情绪稳定是指情感体验较为稳定一致，很少有冲动、毛躁等不良情绪产生，也很少受客观环境的影响（包括近期生活事件），具体等级包括：有时毛躁或冲动不能有效控制自己，但是能够有效反省并尽量不影响生产；情绪表现比较一致，有时会受近期生活事件影响导致情绪不稳；情绪基本稳定，偶有冲动行为，但不会影响安全生产及生产任务；情绪成熟、稳定而且善于自我调节；情绪很稳定，具有自我排解的有效手段，并能够帮助其他成员调节情绪。

理智的员工受客观环境尤其是近期生活事件的影响小，情绪波动幅度小，不影响工作，遇到紧急情况也会冷静地处理问题；情绪稳定性低的人情绪起伏波动大，带着情绪工作，容易发生事故。

2.4.4　安全意识

安全意识是个体对待安全的态度以及主动预防并排除危险隐患的能力，具体等级为：认为危险隐患是不可避免的，生产过程中提高警惕性可以减少危险隐患的危害程度；出现危险隐患时能够主动排除以防止事故的发生；能够预知危险隐患的发生，并协助同事积极排除；安全是生产的前提，将"要我安全"转变为"我要安全"，能够做好自我保护；不允许危险隐患的存在，在排除隐患的同时经常性地检查设备的安全生产状态。

安全意识强的人重视自我保护，对危险隐患的存在非常敏感，遇到危险情况能主动排解；安全意识薄弱的人则不重视自我保护，为了省能而走捷径，对危险觉察意识低，容易发生事故。

2.4.5　团队合作

团队合作是指一群有能力、有信念的人在特定的团队中，为了一个共同的目标相互支持、合作、奋斗的过程。它可以调动团队成员的所有资源和才智，并且会自动地驱除所有不和谐和不公正现象，同时会给予那些诚心、大公无私的奉献者适当的回报。如果团队合作是出于自觉自愿的，那么它必将会产生一股强大而且持久的力量。团队合作表现为成员密切合作，配合默契，共同决策和与他人协商；决策之前听取相关意见，把手头的任务和别人的意见联系起来；在变化的环境中担任各种角色；经常评估团队的有效性和本人在团队中的长处和短处。

团队合作能力强的人与同事配合密切，有利于工作的顺利开展，同时与同事融洽相处，避免人际关系带来的不良情绪；团队合作能力弱的人则不善于与人合作，在采掘一线操作中容易出现不安全行为。

2.4.6　主动积极性

主动积极性是完成任务的主观能动性，往往不需要别人的指示或者请示别人，具体等级包括：完成任务之前有所犹豫是否需要请示，但是仍能够自主并且积极主动；主动完成任务，但是需要他人协助；能够积极主动完成任务，但是偶尔需要请示别人；不用请示或别人告诉，就能出色地完成工作任务；能够准确判断行动的结果，并且积极主动促成成功，不给他人带来负担。

主动积极性高的人无论是否有人监督都会主动出色地按操作规程完成任务；主动性积极低的人则容易懈怠。

2.4.7　严谨认真

严谨认真是指个体的细心程度，主要表现为对外界事物或自己言行密切注意，以免发生意外；对待工作严肃而不敷衍；重视次序与程序。

严谨认真的人在工作中细致入微，严格按照程序操作，重视异常情况的检查；不严谨认真的人则粗心大意，容易出现不安全行为。

2.4.8　主观自负性

主观自负性是指从主观臆断出发，自己过高地估计自己。人评价自己，要靠自我认知，有的人过高地评价自己，就表现为自负。

自负的人表现为冲动狂妄、不懂装懂、自以为是、自作主张，会严重降低工作安全性系数；自负的人以年轻的新员工为多数。

2.5　煤矿职务特性重要性排序表

影响煤矿安全生产的因素，除了工人自身心理素质，外部工作环境对工人的安全心理也会有较大影响。表 2.14 是对作者在《煤矿安全心理测评技术与应用》一书中提出的煤矿职务特性外部评价表进行重新调整得出的，主要用于调查影响煤矿工人安全作业的外部环境、管理因素，指导煤矿安全管理工作的及时调整，使管理模式及时适应安全工作的需要。

表 2.14　煤矿职务特性重要性排序表

工作特性	重要性排序
与身体状况的适应性	
工作的物质环境	
个人的兴趣	
工资与福利	
奖惩制度	

续表

工作特性	重要性排序
人际关系	
组织提供的实现目标的保障	
工作认可	
明确的职责	
对组织的重要性	
参与决策的程度	
出勤率	
来自组织的关心	
社会地位	

指导语：上面列出了一份工作可能具备的 14 种特性，请按照它们对您的重要性进行排序，具体应按照 1（最重要）、2（次重要）……14（最不重要）排序。

2.6　履行安全职责外部评价表

对煤矿工人进行行为安全管理引导的过程中，为保证安全心理测评体系的完整性、严谨性，不仅要对煤矿工人本身进行测量评价，还要通过外围评价对煤矿工人的安全行为进行评价。一个具备安全心理素质的煤矿工人通过工友、领导的监督，工作过程受到约束，不安全行为的概率也会降低。表2.15 为履行安全职责外部评价表。

表 2.15　履行安全职责外部评价表

被评价人	评价内容						
	对工作满意度	工作责任心	独立工作能力	与人合作能力	现场监护能力	违章作业情况	目标完成情况

指导语：这是一份对工作人员履行安全工作职责情况进行评价的外部评价表，请您根据表中所列项目对以下每一位工作人员进行评价，请客观作答。

评价分五个等级：1-非常不满意；2-比较不满意；3——一般；4-比较满意；5-非常满意。

2.7　煤矿从业人员安全心理测评体系的应用

通过安全心理管理安全行为是最可靠的安全管理途径，安全心理测评可以用于煤矿聘用机制及煤矿培训机制中，对人员安全行为实施事前、事中控制，把不安全行为的发生控制在萌芽阶段。

　　煤矿工人安全心理测评指标体系的建立为煤矿工人选拔和岗位调配提供了支持和保障。具体实施方法如图 2.1 所示。煤矿井下作业人员安全心理测评指标体系确定后，便能对从业人员按照其心理测试结果进行选拔和岗位配置。将安全心理测评应用于井下安全管理的每个环节，使从业人员安全心理的监管工作贯穿于过程管理，以安全心理促进安全行为：通过精力充沛、注意力集中等安全心理保证现场作业人员安全作业；通过自律性、责任感等保证安全员、瓦斯检查员全面地进行安检工作，确保现场环境安全；通过理智、有效的交流等保证安全管理人员制定合理的安全规章制度，组织安全培训活动，提高全体从业人员的安全心理素质。

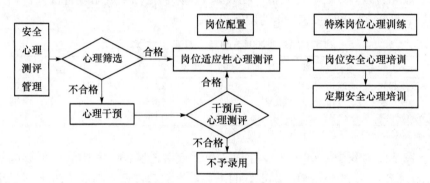

图 2.1　煤矿工人安全心理测评指标的应用

第 3 章 煤矿工人行为安全影响因素分析及 作业体系的构建

3.1 煤矿事故统计与特征分析

3.1.1 煤矿伤亡事故统计分析

对我国 2006～2015 年煤矿伤亡事故进行统计，包括煤矿事故起数、死亡人数和百万吨死亡率等数值，见表 3.1。将各指标制成图表进行分析，得出煤矿事故在 2006～2015 年的发展趋势。

表 3.1 我国 2006～2015 年煤矿伤亡事故统计

年份	2006	2007	2008	2009	2010	2011	2012	2013	2014	2015
事故起数	2945	2421	1901	1616	1403	1201	779	589	497	337
死亡人数	4746	3758	3215	2631	2433	1973	1384	1064	931	588
百万吨死亡率/%	2.041	1.485	1.182	0.892	0.803	0.564	0.374	0.293	0.257	0.159

资料来源：国家安全生产监督管理总局官网。

图 3.1 为我国 2006～2015 年煤矿事故起数趋势图，我国煤矿事故起数在 2006 年时为 2945；随后呈现好的态势，事故起数逐年降低，2008 年退出 2000 大关；到 2012 年事故起数为 779，退出 1000 大关；到 2015 年事故起数为 337，相比于 2006 年，降低了 88.56%。

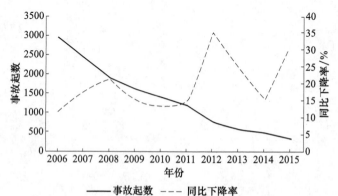

图 3.1 我国 2006～2015 年煤矿事故起数趋势图

图 3.2 为我国 2006～2015 年煤矿事故死亡人数趋势图，2006 年我国煤矿事故死亡人数高达 4746 人，可谓触目惊心。一些企业管理不到位，利欲熏心，不顾安全生产，大规模非法开采，致使事故高发，大量作业人员因事故死亡。在惨痛的血泪教训下，国家对煤矿的安全生产高度重视，进行大规模专项整顿，使煤矿事故死亡人数从 2006 年开始呈现明显的减少趋势。到 2014 年，我国煤矿事故死亡人数为 931 人，首次降到千人以下，但与美国 2014 年煤矿事故死亡人数 16 人[3]相比仍有很大的改进空间。2015 年，我国煤矿事故死亡人数为 588 人，人数得到有效控制，势头有待进一步保持。

图 3.2　我国 2006～2015 年煤矿事故死亡人数趋势图

图 3.3 为我国 2006～2015 年煤矿百万吨死亡率趋势图，由图可知，百万吨死亡率呈现一路下降的趋势，我国煤矿生产的安全状况日渐趋于稳定。2006 年，我国煤矿百万吨死亡率高达为 2.041‰，到 2015 年，这一数据降至 0.159‰，达到历史新低。

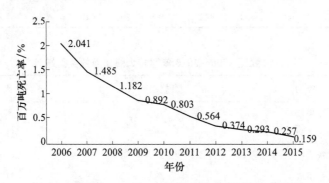

图 3.3　我国 2006～2015 年煤矿百万吨死亡率趋势图

3.1.2 煤矿事故特征分析

根据《生产安全事故报告和调查处理条例》的规定，生产安全事故依据事故死亡人数、重伤人数及财产损失情况等，划分为特别重大事故、重大事故、较大事故和一般事故，具体如表 3.2 所示。

表 3.2 安全事故划分标准

事故级别	特别重大事故	重大事故	较大事故	一般事故
死亡人数	30 人以上	10～30	3～10	<3
重伤人数	100 人以上	50～100	10～50	<10
财产损失/万元	10000	5000～10000	1000～5000	<1000

以此为依据，统计我国 2006～2015 年十年间重特大事故的次数和死亡人数，如表 3.3 所示。根据表中数据，我国 2006～2015 年煤矿重特大事故共 179 起，死亡 3419 人，重特大煤矿事故呈逐年下降的趋势，从 2006 年的 39 起下降到 2015 年的 5 起，死亡人数也大幅下降。但与其他行业相比，煤矿重特大事故的发生率还是偏高，不容过分乐观。其中，这十年间最主要的事故类型是瓦斯事故，共 101 起，死亡 1929 人；其次是透水事故，32 起，死亡 611 人；再次是火灾事故，13 起，死亡 248 人。不同事故类型的起数和死亡人数如表 3.4 和图 3.4 所示。

表 3.3 我国 2006～2015 年重特大煤矿事故统计

年份	2006	2007	2008	2009	2010	2011	2012	2013	2014	2015
事故起数	39	28	27	16	15	14	11	14	10	5
死亡人数	744	541	500	441	304	205	193	262	144	85

表 3.4 我国 2006～2015 年重特大煤矿事故类型统计

事故类型	事故起数	死亡人数
瓦斯事故	101	1929
透水事故	32	611
火灾事故	13	248
其他事故	33	631

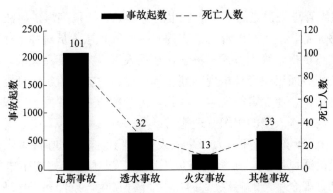

图 3.4　我国 2006～2015 年重特大煤矿事故统计直方图

我国 2006～2015 年不同事故类型中重特大煤矿事故原因分析如表 3.5 所示。研究表明，无论哪种类型，由人为因素造成的事故总是最多的。在这十年间的 179 起重特大煤矿事故中，人因事故有 145 起，占到事故总数的 81% 以上。一场场灾难带给人们的是血与泪的教训：人为因素导致绝大多数矿难的发生，采取措施规范行为刻不容缓，必须通过纠正不安全行为，从源头上遏止事故发生。

表 3.5　我国 2006～2015 年各类重特大煤矿事故原因

事故类型	事故起数	直接或间接人为因素	其他因素
瓦斯事故	101	91	10
透水事故	32	21	11
火灾事故	13	8	5
其他事故	33	25	8
合计	179	145	34

通过以上分析，总结煤矿人因事故的特征如下：

(1) 人员个体违章操作是事故发生的主要因素，井下作业的煤矿工人多以农民工为主，他们之中大多存在教育程度低、安全意识淡薄、基本技能较差的问题，生理、心理、家庭关系等方面也在影响着工作状态，而生产作业时一个很小的失误就可能导致违章操作的发生，这就很可能酿成安全事故。由于风险的客观存在性，事故随时都有可能发生。煤矿要想实现安全生产，必须鼓励作业人员通过学习弥补自身缺陷，提高安全培训与安全教育的力度，培养井下作业人员的安全认知和技能，避免人员个体的违章操作行为发生。

(2) 组织管理失误是煤矿事故发生的重要原因,很多煤矿事故都是由组织管理不够完备,或者组织混乱造成的。一些管理层人员对井下作业人员安全心理素质不重视,管理方式不科学,在用人管人方面存在欠缺,难以胜任煤矿安全工作。而组织管理出现问题,都可以通过提高组织管理能力,使其安全管理科学化,避免事故发生。因此,为了预防事故的发生,煤矿企业必须注重并提高工作人员的组织管理能力。

(3) 人-机-环境不匹配是人因事故发生的隐性条件,在许多煤矿中,存在着不健全的通风系统、瓦斯检查员不跟班、煤矿工人违规带电检修等现象,这些都是安全生产的隐患。并且,由于煤矿生产条件和工作环境的特殊性,煤矿工人在井下要忍受闷热、昏暗、粉尘等不利因素,极易产生烦躁心理,导致违章操作。目前的研究忽视了恶劣环境对煤矿工人井下作业时造成的身心疲惫损伤风险,井下作业环境有待管理优化。要想保证井下工作安全,煤矿应尽可能达到人机完全匹配,优化井下作业环境,提升人员素质与技能,排解煤矿工人心理障碍,减少煤矿工人心理负荷,以保证作业者安全健康的工作环境。

3.2　煤矿事故中不安全行为影响因素

3.2.1　人员个体因素分析

人的行为是一个复杂的信息处理结果,生理和心理上的一些"弱点"可能会使这一处理过程的某一个环节出现差错而导致失误。心理学研究发现,人的基本行为是人心理机能的外在体现。如果员工在工作中情绪低落消极,相应的行为就很可能出现偏差,造成操作失误,引发安全事故。煤矿工人常年在封闭、黑暗的环境中工作,生理和心理都在时时面临考验。如果不能保证高质量的睡眠,极易发生危险。研究显示,许多煤矿事故发生在凌晨 0 点到 6 点之间。

煤矿工人安全工作的前提是具有充分的安全意识。如果煤矿工人对不安全行为具有足够高的认识和防备,充分明白其后果的严重性,就会严格遵守规章制度,行事小心细致,避免违规操作的发生。但是,如果矿工安全知识储备欠缺,安全意识淡薄,目光短浅,就会做出不安全行为,造成灾难事故。

对人员个体的影响因素进行梳理,归纳出 14 个指标,如表 3.6 所示。

表 3.6　人员个体的影响因素指标

因素				
安全心理	职业病	人际关系	身体健康状况	性格
生物节律	安全技能	家庭关系	安全意识	生活事件
安全习惯	年龄和工龄	学历水平	收入状况	

3.2.2　组织管理因素分析

从目前我国煤矿事故的原因来看，管理不善是引发各类事故的主要原因之一，安全生产是重中之重。企业要想立足长远，安全文化与氛围的营造必不可少，此外也要加强安全监管，引导员工安全行为的养成。

在安全监管中，尤其需要企业的领导者的积极引导，严格要求自身，兑现安全承诺，凝聚众人力量，为实现煤矿企业安全生产长期目标努力奋斗。而煤矿事故一旦发生，企业要及时做出科学合理的决策，将损失降到最低。这需要企业建立完善与科学的管理监督体系，能够针对事故隐患做出及时而合理的反应。

对于企业，员工与上级之间应建立及时沟通与信息反馈机制，只有这样才能保证任务的顺利执行。员工对企业的信任，以及各部门团结协作，使企业管理层对基层员工的需求有了真实了解，总结并吸取基层员工的工作教训，将安全隐患的苗头及早扑灭。然而，我国大多煤矿采取的仍是传统管理模式，管理者对员工的意见与诉求不够了解，来自一线煤矿工人的意见无法被顺利倾听，从而导致管理层盲目指挥，信息滞后反馈，无法把握煤矿安全现状，也无法排除各类安全隐患，同时打压了员工参与安全工作的积极性。

安全的生产环境离不开安全教育与培训，要想提高员工安全技能，增强安全意识，就必须改变员工知识缺乏与技术不足的现状。否则，面对井下突发事故，员工无法科学有效地自救，救人更无从谈起。目前大多数煤矿对员工都有岗前教育与培训，但往往简单而泛化，虽然也发放安全操作指导手册，但并没有考察员工是否充分地对相关知识达到掌握水平，就安排他们下井，安全教育收效甚微。煤矿应该形成定期的培训制度，使一线煤矿工人掌握足够全面的安全知识，再安排其将技术用于实践，从而在生产过程中能够尽量避免各种行为失误，排除安全隐患。

对组织管理的影响因素进行梳理，归纳出 12 个指标，如表 3.7 所示。

表 3.7　　组织管理的影响因素指标

因素		
安全规章制度	安全教育培训	安全文化
沟通与反馈	领导因素	团队因素
安全奖惩措施	安全检查	管理体系缺陷
制度缺失	违章指挥	应急水平

3.2.3　人-机-环境因素分析

机器设备的可靠性会受时间影响，时间越长，可靠性越低。任何机器设备在运行状态下都有可能出现故障，如果长时间处于工作状态，故障率也会相应升高。煤矿生产无疑会用到大量的机电设备，而由于机电设备高昂的价格，老旧设备的更换通常不及时，许多问题设备仍然在投入生产使用，成为极大的安全隐患。从安全角度考虑，煤矿企业应当给设备安装防护装置，事故一旦发生，可以尽量减少伤害，这是对设备与员工人身安全的双保险。同时，也应设置人员避险装置，最大限度地保障人员安全。

在煤矿生产中使用的各种设备具有复杂精密的特点，稍有操作不慎，就很可能引发严重后果，对员工的安全造成巨大影响。而由于井下恶劣的工作环境，人机操作一旦不匹配，很容易造成操作失误，导致不安全行为的发生，引发事故。

此外，煤矿的作业环境十分艰苦，煤矿工人长期处于地下环境中，空间狭小幽暗，空气闷热潮湿，需要忍受各类粉尘、有害气体和机器噪声，对煤矿工人的身心健康形成极大考验。工作单调、紧张而复杂，并且矿井生产过程中还要面临众多灾害，甚至瓦斯爆炸、火灾等，对煤矿工人也造成了恐惧。长久工作在这样的环境中，很容易发生操作失误的情况。

对人-机-环境的影响因素进行梳理，归纳出 8 个指标，如表 3.8 所示。

表 3.8　　人机环境因素的影响因素指标

因素		
人机匹配合理性	人员操作安全性	机器设备隐患
照明、振动、噪声	设备使用年限	现场管理、现场秩序
设备防护装置	微气候、温度、湿度、风速	

3.3　基于因子分析法的煤矿事故中不安全行为分析

3.3.1　问卷调查分析

从人员个体、组织管理、人-机-环境三个基本维度，对煤矿从业人员安全行为的影响因素进行分类，结合 3.2 节中梳理出的指标，请教行为学和安全管理方面的有关专家，编制煤矿事故中不安全行为影响因素调查表作为测查工具，共有 34 个项目，采用不记名的方式，每个问题从"非常不符合"到"非常符合"相应赋值 1、2、3、4、5，详见附录 1。

以王庄煤矿的 500 名员工为研究样本，随机抽样，研究对象涉及采煤机司机、瓦斯检查员、机电员等多个岗位。参加调查的人员均为成年健康男性。参加调查人员的基本情况见表 3.9 和表 3.10。问卷的信度和效度分析见表 3.11 和表 3.12。

表 3.9　样本分布

岗位	采煤	机电	一通三防	运输	掘进开拓	总计
人数	120	89	102	110	79	500

表 3.10　研究对象全体的样本特点

相关性		年龄	工龄	学历	类别
Pearson 相关系数 r	年龄	1.000	—	—	—
	工龄	0.505**	1.000	—	—
	学历	−0.365**	−0.446**	1.000	—
	类别	−0.288*	−0.563**	0.485**	1.000

＊显著性在 0.05 水平（双侧）。
＊＊显著性在 0.01 水平（双侧）。

表 3.11　调查问卷信度

问卷成分	1~8	9~18	19~27	28~34	总体
内部一致性信度	0.720	0.810	0.745	0.871	0.773
Cronbach's alpha 系数	0.643	0.756	0.667	0.757	0.783

表 3.12　调查问卷效度

问卷成分	1~8	9~18	19~27	28~34
评分均值	4.5	4.7	4.6	4.6

　　该问卷的信度分析采用内部一致性系数作为度量指标。测量表四个部分的 Cronbach's alpha 系数均在 0.64 以上，总体 Cronbach's alpha 系数平均值大于 0.7，信度指标良好。以专家效度作为内容效度的检验指标，聘请行为学专家和煤矿管理人员对测验项目与原定内容的符合性进行判断，评分均在 4 分以上，问卷效度良好。

　　因子分析法的基本目的是用少数几个因子去描述许多指标或因素之间的联系，即将相关比较密切的几个变量归在同一类中，每一类变量就成为一个因子，以较少的几个因子反映原始资料的大部分信息。主成分个数提取原则为主成分对应的特征值大于 1 的前 m 个主成分，特征值在某种程度上可以看成表示主成分影响力度大小的指标，如果特征值小于 1，说明该主成分的解释力度还不如直接引入一个原变量的平均解释力度大，因此一般可以用特征值大于 1 作为纳入标准。

3.3.2　人员个体因子分析

　　1. 人员个体指标的因子分析结果

　　表 3.13 是对人员个体指标进行因子分析、采用主成分分析法因子旋转后的结果，根据估计特征值从大到小的次序从描述人员个体的 14 个指标中提取 4 个主因子，这 4 个主因子能概括人员个体因子的大部分信息，作为人员个体因子二级指标。

表 3.13　人员个体指标的因子分析结果

| 成分 | 总体方差 σ^2 值 | | | | | | | | |
| | 初始特征值 | | | 被提取的负荷平方和 | | | 正交旋转后的负荷 | | |
	合计	方差 /%	累积贡献率 /%	合计	方差 /%	累积贡献率 /%	合计	方差 /%	累积贡献率 /%
1	3.556	25.396	25.396	3.556	25.396	25.396	2.355	16.819	16.819
2	2.239	15.992	41.388	2.239	15.992	41.388	2.193	15.662	32.481
3	1.791	12.794	54.182	1.791	12.794	54.182	2.119	15.133	47.614
4	1.19	8.5	62.681	1.19	8.5	62.681	2.109	15.067	62.681
5	0.997	7.939	70.621	——	——	——	——	——	——
6	0.876	6.256	76.876	——	——	——	——	——	——
7	0.742	5.303	82.18	——	——	——	——	——	——
8	0.614	4.389	86.569	——	——	——	——	——	——
9	0.538	3.841	90.409	——	——	——	——	——	——
10	0.486	3.472	93.881	——	——	——	——	——	——

| 成分 | 总体方差 σ^2 值 | | | | | | | | |
| | 初始特征值 | | | 被提取的负荷平方和 | | | 正交旋转后的负荷 | | |
	合计	方差/%	累积贡献率/%	合计	方差/%	累积贡献率/%	合计	方差/%	累积贡献率/%
11	0.314	2.246	96.127	—	—	—	—	—	—
12	0.253	1.81	97.938	—	—	—	—	—	—
13	0.158	1.127	99.064	—	—	—	—	—	—
14	0.131	0.936	100	—	—	—	—	—	—

2. 人员个体因子负荷矩阵

表 3.14 是用主成分分析法、Kaiser 最大方差法正交旋转后的因子负荷矩阵。据此可以计算出 4 个二级指标的值。

表 3.14　人员个体 4 个二级指标的因子负荷矩阵

成分	因子 1	因子 2	因子 3	因子 4
$M17$	0.813	0.057	0.166	0.248
$M20$	0.751	0.179	−0.127	0.099
$M22$	0.640	0.453	−0.028	−0.195
$M03$	0.132	0.765	−0.191	0.376
$M04$	0.331	0.682	0.259	0.043
$M19$	−0.053	0.594	0.199	−0.465
$M09$	0.436	0.486	0.050	−0.340
$M13$	−0.189	−0.063	0.925	0.094
$M18$	0.118	0.252	0.644	0.067
$M05$	0.532	−0.137	0.585	−0.204
$M21$	0.072	0.467	0.497	−0.359
$M10$	0.077	0.029	−0.097	0.817
$M14$	0.212	0.048	0.243	0.615
$M08$	−0.105	−0.063	−0.014	0.543

注：M 表示煤矿事故中不安全行为影响因素调查表中的题目序号，以下含义相同。

3. 因子旋转聚类结果

经 8 次迭代收敛后的因子旋转聚类结果见表 3.15。按照选取绝对值较大的负荷系数原则：

因子 1 对应 $M17$、$M20$、$M22$、$M05$，主要概括煤矿工人的身体健康状况、生物节律、性格等，可以命名为员工生理心理状况因子。

因子 2 对应 $M03$、$M04$、$M19$、$M09$，主要概括煤矿工人的安全意识、安全心理、安全技能等，可以命名为员工感知与技能因子。

因子 3 对应 $M13$、$M18$、$M05$、$M21$，主要概括煤矿工人的学历水平、年龄和工龄等，可以命名为员工安全知识水平因子。

因子 4 对应 $M10$、$M14$、$M08$、$M19$，主要概括煤矿工人的安全习惯、人际关系、生活事件等，可以命名为员工安全操作状况因子。

表 3.15　人员个体的因子旋转聚类结果

因子	因子名称
因子 1	员工生理心理状况
因子 2	员工安全感知与技能
因子 3	员工安全知识水平
因子 4	员工安全操作状况

注：信度 $\alpha = 0.7097$。

3.3.3　组织管理因子分析

1. 组织管理指标的因子分析结果

表 3.16 是对组织管理指标进行因子分析、采用主成分分析法因子旋转后的结果，根据估计特征值从大到小的次序从描述组织管理的 12 个指标中提取 4 个主因子，这 4 个主因子能概括组织管理因子的大部分信息，作为组织管理因子二级指标。

表 3.16　组织管理指标的因子分析结果

成分	总体方差 σ^2 值								
	初始特征值			被提取的负荷平方和			正交旋转后的负荷		
	合计	方差/%	累积贡献率/%	合计	方差/%	累积贡献率/%	合计	方差/%	累积贡献率/%
1	3.253	26.959	26.959	3.235	26.959	26.959	2.364	19.699	19.699
2	1.882	15.68	42.639	1.882	15.68	42.639	2.317	19.311	39.01
3	1.338	11.154	53.793	1.338	11.154	53.793	1.535	12.794	51.804
4	1.09	9.081	62.874	1.09	9.081	62.874	1.328	11.07	62.874
5	0.907	7.559	70.433	—	—	—	—	—	—
6	0.814	6.786	77.219	—	—	—	—	—	—

| 成分 | 总体方差 σ^2 值 | | | | | | | | |
| | 初始特征值 | | | 被提取的负荷平方和 | | | 正交旋转后的负荷 | | |
	合计	方差/%	累积贡献率/%	合计	方差/%	累积贡献率/%	合计	方差/%	累积贡献率/%
7	0.686	5.713	82.932	—	—	—	—	—	—
8	0.657	5.477	88.409	—	—	—	—	—	—
9	0.525	4.378	92.788	—	—	—	—	—	—
10	0.388	3.23	96.017	—	—	—	—	—	—
11	0.293	2.446	98.463	—	—	—	—	—	—
12	0.184	1.537	100	—	—	—	—	—	—

2. 组织管理因子负荷矩阵

表 3.17 是用主成分分析法、Kaiser 最大方差法正交旋转后的因子负荷矩阵。根据因子得分和原始变量的标准化值，对 4 个二级指标进行进一步的分析。

表 3.17　组织管理 4 个二级指标的因子负荷矩阵

成分	因子 1	因子 2	因子 3	因子 4
$M25$	0.887	0.068	−0.022	0.045
$M26$	0.816	0.141	−0.134	0.030
$M23$	0.626	0.468	−0.094	−0.198
$M24$	0.031	0.810	−0.139	−0.141
$M27$	−0.048	0.730	0.085	0.101
$M34$	0.256	0.560	0.205	0.150
$M28$	0.322	0.548	0.198	−0.038
$M29$	0.261	0.487	−0.380	0.248
$M31$	0.082	0.103	0.831	0.151
$M33$	0.321	−0.013	−0.667	0.228
$M30$	0.142	−0.029	−0.176	0.816
$M32$	−0.385	0.146	0.298	0.656

3. 因子旋转聚类结果

经 10 次迭代收敛后的因子旋转聚类结果见表 3.18。按照选取绝对值较大的负荷系数原则：

因子 1 对应 $M25$、$M26$、$M23$，主要概括煤矿的安全规章制度、安全检查、制度缺失等，可以命名为安全监管体系因子。

因子 2 对应 $M24$、$M27$、$M34$、$M28$，主要概括领导因素、团队因素、违章指挥、沟通与反馈等，可以命名为员工沟通与反馈因子。

因子 3 对应 $M31$、$M33$、$M29$，主要概括煤矿的安全奖惩措施、安全教育培训、应急水平等，可以命名为安全教育与培训因子。

因子 4 对应 $M30$、$M32$，主要概括煤矿的安全文化，可以命名为安全文化因子。

表 3.18　组织管理因子旋转聚类结果

因子	因子名称
因子 1	安全监管体系
因子 2	员工沟通与反馈
因子 3	安全教育与培训
因子 4	安全文化

注：信度 $\alpha = 0.6766$。

3.3.4　人-机-环境因子分析

1. 人-机-环境指标的因子分析结果

表 3.19 是对人-机-环境指标进行因子分析、采用主成分分析法因子旋转后的结果，根据估计特征值从大到小的次序从描述人-机-环境的 8 个指标中提取 4 个主因子，这 4 个主因子能概括人-机-环境因子的大部分信息，作为人-机-环境因子二级指标。

表 3.19　人-机-环境指标的因子分析结果

成分	总体方差 σ^2 值								
	初始特征值			被提取的负荷平方和			正交旋转后的负荷		
	合计	方差/%	累积贡献率/%	合计	方差/%	累积贡献率/%	合计	方差/%	累积贡献率/%
1	1.851	23.144	23.144	1.851	23.144	23.144	1.454	18.179	18.179
2	1.364	17.048	40.191	1.364	17.048	40.191	1.404	17.549	35.728
3	1.074	13.423	53.615	1.074	13.423	53.615	1.274	15.93	51.658
4	1.011	12.639	66.253	1.011	12.639	66.253	1.168	14.595	66.253
5	0.854	10.679	76.932	—	—	—	—	—	—
6	0.792	9.903	86.835	—	—	—	—	—	—
7	0.655	8.182	95.017	—	—	—	—	—	—
8	0.399	4.983	100	—	—	—	—	—	—

2. 人-机-环境因子负荷矩阵

表 3.20 是用主成分分析法、Kaiser 最大方差法正交旋转后的因子负荷矩阵。根据因子得分和原始变量的标准化值，对 4 个二级指标进行进一步的分析。

表 3.20　人-机-环境 4 个二级指标的因子负荷矩阵

成分	因子 1	因子 2	因子 3	因子 4
$M16$	0.701	0.305	0.160	−0.017
$M07$	0.624	−0.022	−0.062	0.230
$M01$	−0.550	0.295	0.279	0.496
$M02$	0.103	0.800	−0.021	−0.056
$M11$	−0.008	0.750	−0.028	−0.017
$M15$	−0.002	0.100	0.883	−0.144
$M06$	0.454	−0.108	0.614	0.310
$M12$	0.232	−0.008	−0.090	0.865

3. 因子旋转聚类结果

经 10 次迭代收敛后的因子旋转聚类结果见表 3.21。按照选取绝对值较大的负荷系数原则：

因子 1 对应 $M16$、$M07$、$M01$，主要概括煤矿的机器设备隐患、设备防护装置、设备使用年限等，可以命名为机器设备可靠性因子。

因子 2 对应 $M02$、$M11$，主要概括煤矿工人操作机器设备时是否匹配与合理，可以命名为人机匹配合理性因子。

因子 3 对应 $M15$、$M06$，主要概括井下的照明、振动、噪声以及微气候、温度、湿度、风速等，可以命名为煤矿安全作业环境因子。

因子 4 对应 $M12$、$M01$，主要概括煤矿的现场秩序，可以命名为现场秩序因子。

表 3.21　人-机-环境因子旋转聚类结果

因子	因子名称
因子 1	机器设备可靠性
因子 2	人机匹配合理性
因子 3	煤矿安全作业环境
因子 4	现场秩序

注：信度 $\alpha=0.6766$。

综上，可以构建出煤矿事故中不安全行为评价指标体系，如图 3.5 所示。

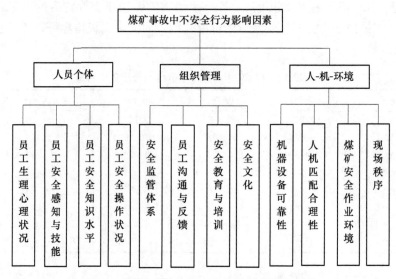

图 3.5　煤矿事故中不安全行为评价指标体系

煤矿事故中不安全行为评价指标体系建立在"4M"理论基础上，结合安全行为学理论，从人员个体、组织管理、人-机-环境三方面进行因素分析，各自归纳出 14、12、8 个指标，再分别利用因子分析法各提取 4 个主因子，分别为员工生理心理状况、员工安全感知与技能、员工安全知识水平、员工安全操作状况、安全监管体系、员工沟通与反馈、安全教育与培训、安全文化、机器设备可靠性、人机匹配合理性、煤矿安全作业环境、现场秩序，构成了具有二级指标的评价指标体系。煤矿事故中不安全行为评价指标体系是实现煤矿事故中不安全行为风险评估及预控管理的前提与依据，是对煤矿工人行为安全进行安全程度判断的准则和尺度。

3.4　煤矿工人安全行为作业体系的构建

3.4.1　人的安全化

由于人的生理状况和个性不同，每个人能够适应的工作内容与工作环境也不同。在安全管理工作中，选择合适的人员和完成良好的岗位调配，在工作中注重观察人的情绪和生理状态变化，必要时做出合理的调整，避免因人的状态不佳发生意外，是减少不安全行为发生的重要方法。

从目前操作规程以及法律法规的情况来看，对人员提出的要求主要是从技术角度出发，在此基础上进行管理，而实际上，人在工作中的行为并不是只受规程和法规的约束，人在工作中的行为与其心理状态、性格好坏、智力水平有很大的关系。因此，人与工作的关系不能仅仅从工作要求人的角度出发，还要看人的特点是否适应工作的要求，这些要求除了技术素质，其心理品质也是重要的因素，这样，人才能够很好地履行其专业职责。

1. 人员选拔安全化

随着煤矿安全要求的不断提高，对从业人员的基本要求也越来越高，合适的人才可以做好适合他的工作。因为行为是心理活动的外在表现，所以利用安全心理学理论来甄选煤矿工人，建立员工基本心理行为档案，及时补充完善，以便根据安全需要，做好人员选择，使其真正能胜任所在岗位的安全需求。尤其是根据人员的血型、爱好、气质、动机、心理素质、性格、感知、运动能力、智力、身体状况等方面，选拔心理素质好、感知灵敏、责任心强的安全管理人员和煤矿作业人员[102]。

2. 岗位调配安全化

人是生产活动中主观性最强、最活跃的因素，导致人的不安全行为的原因也是多种多样的，所以在煤矿工人的岗位选择和调配过程中，必须在安全心理测评和安全行为学考量的情况下，进行合理的人员岗位分配，实行科学的晋升机制。使用心理和行为筛查机制，把那些不合格的从业人员在上岗之前进行筛选分流，这样才能从源头上消除人为事故的隐患。

对人的职业适应性研究应是安全心理学的基本内容之一。个人的心理素质和性格有差异，不同性格和素质的人适合不同的岗位，要尽量提高人与岗位的相互适应性。心理学上的研究表明，人的个性特征和心理素质的差异，人对其所从事职业具体的适应程度和事故发生概率有着密切的关系。对于此领域的相关研究，可以根据安全行为科学有关的研究方法进行，即在个性心理及行为理论研究的基础上对人的心理、素质、性格、体能等进行分析、测定与评定，选择出与岗位更加适应的人。所以，在人员流动和岗位调配时，必须借助安全心理测评指标体系和动作行为测量标准，然后结合岗位的标准作业特点，选择合适的岗位匹配人才。

另外，在岗位匹配选择之后，上岗工作之前还必须对其进行岗位安全培训，首先是要把加强人的心理素质的锻炼作为培养员工安全心理的切入点。训练情境应与实际工作条件有较高的一致性和真实性；给员工设置安全目标并提供反馈建议加以总结分析，为后续培训提供资料。然后要促进员工增进自我了解，通过各种途径的学习增加自我心理调适的能力，组织培训一些基本的素质训练，心理训练的主要内容包括：心理准备性训练、情绪调节训练、动机训练、能力迁移训练、应急处理训练、人际交流训练、事故后心理康复训练等。通过心理训练提高个性特征的稳定性，使受训者善于控制自己的心理状态，发掘身体潜力，保持最佳安全状态，在极度紧张、艰苦条件下，能调整适宜的情绪兴奋程度和情绪稳定性，使自己的感觉、注意力、知觉和控制能力都发展到高度水平，有处置各种复杂情况的能力，以达到安全的目的。这种心理调试能力的提高应大众化、普遍化，使他们更加适应并驾驭自己的岗位工作。

随着社会的发展，先进技术、设备的引进，生产环境的变化，以及企业生产发展的需要，企业所需职务种类、职务素质要求等有所变化；与此同时，企业中员工的身体状况、性格特点、技能水平、安全知识、心理素质等也在发生着变化。目前的职务与员工是否相互匹配是企业研究的重要问题。可见，岗位调配是一个动态的工作，应随着时间、周围环境和人员等因素的变化而对人员与岗位进行调整。因此，利用问卷调查、测验等方法进行岗位调配，对于满足岗位需要、发挥员工的能力、保障企业的安全高效生产具有重要的意义。

3.4.2 组织管理体系的安全化

1. 安全文化建设

煤炭行业作为我国三大高危行业之一，事故频发。目前，我国的煤炭生产仍不能达到全自动化，一直面临着人员素质低的问题。单一靠法律法规的约束力仍不能达到本质安全的目的，应首先从人因失误的主体"人"出发，树立"安全第一"的思维方法和安全理念，因此安全文化体系的建设是人因失误预防与控制的前提。

1）安全文化体系的纵向构建

（1）物质文化建设。物质文化建设是指煤矿系统对生产经营活动中涉及人身安全的相关实物的建设，这些实物包括各种生产设备、报警系统、基础设施和防护用具。物质文化建设是安全文化体系的基础，要使人因失误的预防和控制达到预期效果，应首先保障这一层次的文化建设。

（2）制度文化建设。制度文化建设是指根据国家相关法律法规的规定，制定适宜自身特点的企业内部规章制度。不同的煤矿有着不同的地质环境和人文环境，在国家法律法规的大环境下，根据企业内部人与人的关系制定的相关制度是安全文化建设的中介层，这一层次的建设能够将精神文明和物质文化有效地连接起来，是安全文化体系建设的重要环节。

（3）精神文明建设。精神文明建设可以认为是对员工安全理念与思维方式的建设。这一层面的建设通过培养员工的价值观、情感、思想等来提高安全意识。例如，通过精神文明建设，在煤矿企业内部形成"安全第一，预防为主，综合治理"的文化环境等。虽然精神文明建设比较抽象，却是安全文化建设的灵魂所在。从根本上提高安全意识是预防和控制人因失误的关键。

三个层面的建设相互作用，缺一不可，只有把三方面的建设有机地结合，才能实现安全文化体系建设的初衷。

2）安全文化体系的横向构建

（1）领导层次的安全文化建设。领导作为企业的负责人，他们的思想行为决定着企业的安全动向，因此在横向构建安全文化体系时应首先对企业的领导者进行安全文化教育，使其树立正确的企业安全观，在企业规章制度制定时增加安全投入，从源头入手，为企业的员工营造一个安全的工作环境。

（2）员工层次的安全文化建设。员工是企业生产的主力军，是控制人因失误的关键因素，因此安全文化建设的重点应是员工层次上的。尤其对于地质环境复杂的煤矿企业，要从根本上提高员工的安全文化，使其安全忧患意识得以提高，从最根本上保障生产的安全性。

（3）家庭层次的安全文化建设。无论是领导还是员工都不能脱离家庭，家庭环境及思想与员工的心理活动密切相关，人的心理活动直接影响人的行为，因此要把安全文化建设渗透到家庭层次上，使员工无论在工作中还是生活中都处在安全文化的氛围内，这样能够最大限度地控制和预防人因失误。

无论是横向还是纵向构建安全文化体系，都是通过提高人的安全意识来预防和控制人因失误的，在具体的实施过程中，不同企业可根据自身特点开展不同特色的安全文化建设活动。

2. 安全教育体系建设

煤矿开采作为一个劳动密集型行业，人是生产的主力军，但我国的国情决定了我国的煤矿工人素质普遍偏低，操作水平不高，这些都会导致煤矿人因事故频发，因此在安全文化体系构建的同时，安全教育体系的建设也刻不容缓。

1）国家层次上的安全教育体系构建

国家层次上的安全教育包括：制定相关煤矿安全教育管理标准和法规；推行和管理煤矿企业安全管理体系认证制度。我国煤矿的安全生产形势是动态变化的，因此在构建过程中应注意管理标准的时效性，根据安全形势的变化，适当地对标准和法规进行调整。在实施煤矿企业安全管理体系认证制度时，要规范有授权资质的培训机构，严格登记和考核制度。

2）社会层次上的安全教育体系构建

社会层次上的安全教育体系构建的关键是强化职业培训效果。针对煤矿企业的生产特点与需要建立恰当的培训模式，制定不同形式的培训方式，有针对性地进行教育培训，最大限度地满足煤矿企业对人才的需要。

安全认证审核机构作为社会监督机构，在对员工进行教育培训的同时还要对煤矿安全认证审核人员进行相关的教育培训，以期达到最好的培训教育结果[103]。

3）企业层次上的安全教育体系构建

企业层次上的安全教育培训是煤矿安全教育体系中最关键的环节。对待煤矿企业，要强化企业的教育培训意识。私营煤矿主在生产中往往把经济利益最大化，忽略教育培训，置煤矿工人的生命于不顾而强迫其进行违章操作，最终导致一些重特大煤矿人因事故的发生。因此，在企业层次上的教育体系构建时，应加大对煤矿主尤其是私营煤矿主的教育培训。

在企业内部要对煤矿工人进行三级安全教育培训，即厂级安全教育培训、车间安全教育培训和班组安全教育培训。同时开展岗位安全教育培训，主要包括日常安全教育培训、定期安全考试和专题安全教育培训等，通过这些培训，使煤矿工人了解事故发生的原因和规律，掌握预防和控制事故发生的技术及各种自救的方法。在技能培训的基础上开展煤矿工人的安全心理培训，提高煤矿工人的心理素质。通过这些教育培训弥补我国煤矿工人素质普遍偏低的弱势，在技能和心理两个层面提高煤矿工人的综合素质，以期减少煤矿人因事故的发生概率。

3. 安全管理体系建设

通过对近些年煤矿重特大事故的统计调查发现，组织管理失误是人因失误中的一个主要因素，因此煤矿安全管理体系的构建对我国煤矿安全生产形势的好转有着重要意义。对于煤矿安全管理体系的构建可以包括事故预警监控系统、职业健康管理体系、煤矿安全质量标准化体系、安全激励体系、生活和思想保障体系几部分。

1) 事故预警监控系统

煤矿事故预警监控系统的建设主要包括两个内容，即矿井危险源评估部分和矿井事故监控部分。煤矿井下环境复杂，一般的煤矿在生产前都会进行危险源评估，但随着开采面积的扩大，深度的增加，危险源也会出现改变，某些危险源可能被弱化，某些因素会发展成为危险源。因此，在矿井危险源评估部分，进行强化生产前危险源评估的同时也要加大危险源评估工作的跟进与后续工作，组织专家进行专项评估并撰写报告，根据评估结果适当调整生产计划，并与人因失误预防相结合，从源头上避免人因事故的发生。矿井危险源评估部分是从整体上对危险隐患的排查，明确事故隐患后应制定有针对性的措施对事故进行监控，这就是矿井事故监控部分。在实施过程中，各省市可以把所属区域的煤矿企业作为一个整体，综合运用卫星遥感技术、矿井数字化监控联网技术等手段，对数据信息进行评价与共享，建立相应的信息管理平台与数据库，整体上对煤矿事故进行监控。各个煤矿企业实施时要秉承"统一领导、科学决策、分级实施、全员参与"的原则，根据危险源评估结果及时做出判断，确定预警等级，发布预警信号，并组织班组和员工采取防范措施，避免事故发生。

2) 职业健康管理体系

煤矿是事故多发行业之一，也是受职业病危害最严重的行业之一，据不完全统计，全国煤矿尘肺病患者达 30 万人，目前仍以每年新增 5000 例患者的速度增加，由此造成的经济损失高达数十亿元。通过建立职业健康管理体系，可以完善企业的生产自我约束机制，降低尘肺病等职业病的发生概率，预防事故发生和控制职业危害。煤矿企业职业健康管理体系的建设应根据自身特点和内部机构设置，在不违背国家法律法规的前提下，制定详细的职业安全健康管理目标，明确各组织机构的职责。职业健康管理体系的构建可以有效地改善生产作业环境，保障员工的身体健康，在个体因素上控制人因失误的发生，因此在煤矿安全管理体系构建时应对这一部分给予足够的重视。

　　3）煤矿安全质量标准化体系

　　煤矿安全质量标准化是指矿井的采煤、掘进、机电、运输、通风、防治水等生产环节和相关岗位的安全质量工作，必须符合法律、法规、规章、规程等，达到和保持一定的标准，使煤矿始终处于安全生产的良好状态，以适应保障煤矿工人生命安全和煤炭工业现代化建设的需要。在构建这一体系时，应考虑体系实施时的可操作性和全面性，实施过程可分为：成立煤矿安全质量标准化负责机构，制定标准化管理目标，确定考核办法与监管方法，定期进行考核汇总评级。

　　目前煤矿安全质量标准化工作已经在煤矿方面实施，有效地提高了管理水平。在构建这一体系时应吸取经验教训，不断改进，为煤矿人因失误的控制作出贡献。

　　4）安全激励体系

　　安全激励的形式有很多种，目前常用的是物质激励和精神激励，通过安全激励形式可以改善员工的不安全行为，提高安全绩效。安全激励体系的开展可以从领导和员工两方面入手。领导层面，在煤矿企业内部，将事故发生情况、处理结果等作为各级煤矿企业领导的业绩，和干部的任用、表彰、升迁直接挂钩，对于忽视安全生产的可给予处分等。通过这种激励途径，使安全问题在领导层面得以重视，从而在指导生产时坚持"安全第一"的原则。员工层面，不仅采用精神激励，也可以采用物质激励，通过精神和物质激励来提高员工的安全意识。例如，对违章操作的员工进行处罚，对发现事故隐患并及时进行反馈的员工给予奖金奖励、授予安全生产先进工作者称号等。大量实践表明，在提高员工安全意识、减少不安全行为等内容上，激励机制与教育培训的效果相得益彰。安全管理体系的构建包括很多方面，除了上述几类系统的构建，在组织煤矿安全生产时，还应加大安全技术投入和安全检查力度，只有这些系统共同作用，才能最大限度地保障煤矿企业安全生产和降低人因事故的发生概率。

　　5）生活和思想保障体系

　　煤矿安全管理者不但要做好生产现场的管理，而且要关心煤矿工人的日常生活和心理变化，及时了解他们的生活和情感变化。首先，要满足煤矿工人的基本生活保障，通过工会组织来了解员工的生活需求，也可以通过建议和留言了解员工对管理的意见和建议。其次，尽量消除煤矿工人心理上会出现影响工作的心理包袱，建立完善的社区组织，解决员工的家庭困难，完善各种基本保证体系以使员工毫无后顾之忧，尽最大努力解决好员工子女上学和就业问题，经常进行员工座谈和交流，了解工人的生活变化和思想动态，尤其要帮助解决家里发生的各种困难，让员工切实感受到领导的关怀和温暖，在心理上融入煤矿的大家庭，积极进取，安心工作。

3.4.3　人-机-环境系统的安全化

煤矿事故中人的不安全行为有些是由于煤矿机器设计或布置不合理引起的，要控制人的不安全行为，就要设计符合人的生理、心理特点的机器，使机器设计、机器设备的布置、作业空间的调节、显示装置和控制器的设计更适宜于作业人员[104]。所以，人-机-环境系统的和谐运行对煤矿安全生产起到了十分重要的作用，目前煤矿所面临的问题主要有如下几个方面。

（1）生产作业环境不良。作业人员的每项行为都是在一定的环境中进行的，生产作业环境因素的好坏，直接影响人的作业行为。过强的噪声会使人的听觉灵敏度降低，使人烦恼甚至无法安心工作；过暗或过强的照明会使人视觉疲劳，容易接受错误的信息；过分狭窄的场所会使人难以按安全规程正常地作业[105]；过高或过低的温度会使人产生疲劳，引起动作失误；有毒、有害气体会使人因中毒而产生动作失调。作业环境恶劣既增加了劳动强度，使人产生疲劳，又会使人感到心烦意乱，注意力不集中，自我控制力降低。因此，作业环境不良也是产生人的不安全行为的一个重要因素。

（2）人机界面缺陷，系统技术落后。绝大部分的作业行为是通过各种机械设备、工器具来完成的。如果行为者所接触的机器设备或使用的工器具有缺陷或整个系统设计不合理等，都会导致不安全行为的发生。

所以，为了保障煤矿生产的安全可靠性，减少不安全行为的发生，降低煤矿安全事故发生的概率，必须对煤矿生产作业的人-机-环境系统进行改善，实现轻松、省力、符合人因工程的标准作业，同时也使机器设备和现场布置达到良好的和谐运转，提高设备的利用率和安全性能。

1. 人机功能分配

在人机系统中，人与机械设备完成各自的功能，只有两者合理配合，协调一致，才能使人机系统达到最佳效果。为此，需要深入了解和研究人机各自的特征，进行比较，扬长避短，充分发挥各自的特长。

1) 人在人机系统中的主要功能

人在人机系统中主要有三种功能：

（1）传感功能。通过人体感觉器官的看、听、摸等感知外界环境的刺激信息，如物体、事件、机器、显示器、环境或工作过程等，将这些刺激信息传递给人的中枢神经系统。

（2）信息处理功能。大脑对感知的信息进行检索、加工、判断、评价，然后做出决策。

（3）操纵功能。将信息处理的结果作为指令，指挥人的行动，即人对外界的刺激做出反应，如操纵控制器、使用工具、处理材料等，最后达到人的预期目的，如机器被开动运转、零件被加工成型、机器的故障已被排除、缺陷零件已被修复或者更换等。因此，人优于机器的能力主要有信号检测、图像识别、灵活性、随机应变、归纳、推理、判断、创造性等；机器优于人的能力主要有反应和操作速度快、精确性高、输出功率大、耐久力强、重复性好、短期记忆、能同时完成多种操作、演绎推理以及能在恶劣环境下工作等。

2) 人机功能分配原则

根据人机特性的比较，为了充分发挥各自的优点，人机功能合理分配应坚持以下原则：笨重的、快速的、持久的、可靠性高的、精度高的、规律性的、单调的、高阶运算的、操作复杂的、环境条件差的工作，适合机器来做；而研究、创造、决策、指令和程序的编排、检查、维修、故障处理及应付不测等工作，适合人来承担。

2. 提高人的操作可靠度

1) 合理安排作业时间，防止和消除疲劳

疲劳是体力和脑力效能暂时的减弱。作业者在作业中，作业机能衰退，作业能力下降，并伴有疲倦感等主要症状。疲劳也可理解为一种状态：原来可轻松完成的工作，现在却要花费较大精力，且取得的效果不佳。由于疲劳不仅会降低工作效率，甚至会酿成事故，所以研究减轻疲劳的问题是非常必要的。对实际工作的研究表明，劳动生产率、工伤事故与疲劳密切相关。当人感到疲劳时，生产效率就可能下降，事故隐患也将出现。主要应从以下几个方面改善和消除工人的疲劳：

（1）在进行显示器和控制器设计时应充分考虑人的生理、心理因素；

（2）通过改变操作内容、播放音乐等手段克服单调乏味的作业；

（3）改善工作环境，科学地安排环境色彩、环境装饰及作业场所布局，保证合理的温湿度、充足的光照等；

（4）避免超负荷的体力或脑力劳动，合理安排作息时间，注意劳逸结合，保证作业人员有饱满充沛的精力上岗等。

2）推行标准化作业规范

根据对人失误原因的调查，下列三种原因占相当大的比例：不知道正确的操作方法；虽然知道正确的操作方法，但为了省事简化操作程序；按自己的习惯操作。为了克服这些问题，必须推广标准化作业，按科学的作业标准来规范人的行为，以达到施工作业现场处于受控状态的目的。

（1）制定符合现场实际的作业标准。由于施工生产实际情况千变万化，通用的作业标准很难收到好的效果，所以应针对具体作业情况制定切合实际的作业标准。在制定标准时，要把操作过程分解为单元动作进行逐一设计，然后相互衔接成为一个整体。同时还要充分考虑作业人员身体的运动、作业场所的布置，以及使用的设备、工具等符合人机学要求。

（2）加强对操作者作业标准的培训。制定出作业标准后，企业应在作业程序、作业项目、作业内容、作业动作、作业用语、作业机具等方面，对作业人员进行培训，使参加作业人员熟练掌握标准，在操作、动作、用语各方面取得最优配合，即：操作者按标准作业；专业技术人员按标准规划设计和监督作业质量；管理人员按标准指挥生产，保证安全生产，提高作业质量和效率。

（3）搞好作业标准的全过程控制。在作业前要对作业进行审批，保证操作者的资格、能力等个人特征符合作业要求，保证在有充分准备、足够的安全措施情况下进行操作。在操作之前还应对操作对象、作业环境和即将实施的行为进行确认，以便及时发现和纠正异常或其他不安全行为，防止发生操作失误。

3）改善环境，提供和谐的作业氛围

人的可靠性受环境的影响，作业人员长期在同样的环境下作业，会产生厌倦心理和情绪，而在一个良好的环境中工作，能使人产生愉快的心情，减轻疲劳，从而减少人的不安全行为的发生。相反，不良的环境也能从负面影响人的心理，使人出现操作失误，从而酿成事故。例如，环境差易使人的心理受到刺激，扰乱人的行为，造成人的不安全行为；又如，物件设置不当影响人的操作和行为，使人产生不安全行为。为保障人的安全活动，必须有好的环境和良好的物的状态，使人、物、环境相协调，引导人的安全行为。在煤矿生产过程中，开采活动会引起环境的变化主要有：采动支承压力导致顶板塌落；大量有毒有害气体涌入工作空间；矿尘浓度加大、地下水、产生噪声；地热、机电设备、地下水等热源和湿度增加了井下空气的温度和湿度。这就是人机系统作用于环境，导致环境条件恶化的过程。而变化的环境一方面通过降低能见度、听力、工作舒适度及卫生条件或者出现水、火、瓦斯、矿尘、顶板等事故隐患影响着人的安全、健康；另一方面又通过潮湿空气、酸性水、岩石塌落、灾变产生的高温和高压等影响着机械正常运转和使用寿命，这就是变化的环境影响着人机系统的过程。另外，矿井环境与工厂的作业环境相比还有其特殊性：其一，工作环境随开采过程不断移动，形成采矿人机系统的环境多变，较缺乏规律性的特点；其二，采矿过程导致环境条件恶化的程度比其他大部分产业严重。这样，采矿环境的多变性会增加人机与环境信息交换以及环境改造的困难，增加各种理论及技术应用的难度；环境的恶化则必然会加大创造一个安全、卫生和舒适的采矿工作环境的难度。煤矿井下的生产环境十分复杂，上面简单分析了煤矿生产环境的特点和危险性，但是其中的防火、防水、防尘并不是研究的主要内容。本书在此关注的是对人的安全行为产生影响的那一部分环境因素，即能引发人的不安全行为的自然及人文环境。

（1）创建美好的自然环境。人们对煤矿的印象一直以来就是黑、脏、乱，这使得煤矿几乎招聘不到高学历、高素质的人才，煤矿工人不少是文化水平较低的农民工，他们安全意识淡薄，农忙时为了回家而赶进度，"三违"现象严重，导致煤矿事故频发。因此，要使高素质的人才进入煤矿企业，就要改变人们对煤矿恶劣环境的印象，美化煤矿环境。装修时要考虑环境色彩对人生理和心理的影响，选择的色彩使人感到舒服和安全。此外，煤矿的机器噪声和矿尘也会严重影响作业人员的身体健康和安全生产。

首先，选择适当的环境色彩。适当的色彩对生理的影响主要表现为提高视觉器官的分辨能力和改善视觉疲劳。人们通过改善色彩对比，在物体的色彩和亮度对比较小时，为人们提供较好的视觉条件。实验证明，在视野内有色彩对比时，视觉适应力比仅有亮度对比时有利。由于人眼对明度和饱和度分辨能力较差，所以在色彩对比时，一般以色调对比为主。选择色调时，最忌讳蓝色、紫色，其次是红色、橙色，因为它们容易引起视觉疲劳。所以，在厂房中主要视力范围内的基本色调宜采用黄绿色或蓝绿色。要使整个工作环境中的明度保持均匀性。由于人眼常常会因疲倦而将视线由工作面转移到天花板或墙壁上，如果它们的明度差别过大，则在视线转移的过程中，需要进行明暗适应和调节，这样会增加视觉疲劳。

人类在长期的生活和实践中，积累了人与物的关系及对物的态度，同时也决定了色彩对人心理的影响。色彩能引起某种情绪，也会改变某种情绪。明快的色彩会引起愉快感，阴郁的色彩会使人的心情沉重。对于色彩的印象与其他生活印象之间的联想关系会影响对色彩的评价。不同色彩的搭配，还会产生或远或近的感觉。如果在灰色背景上画两个直径相同的圆，分别涂黄色和青色，那么黄色的圆给人以大而进的感觉，起这种作用的颜色为前进色；青色的圆显得小而远，起这种作用的颜色为后退色。一般暖色为前进色，冷色为后退色。明度高的颜色有前进感，明度低的颜色有后退感。所以，狭小的工作间涂以冷色调，可以产生宽度感；宽敞的房间涂以暖色调，会看似不那么空旷。明快色是指暖色系统，它给人以轻快感，所以机械及运输车辆的手把应以暖色系统为宜，使工作人员操作时有轻快感。暗色是指冷色系统，给人以沉重或稳重感，所以机器设备本体色应多采用冷色调方可减少人的误操作。合理选择色彩，使工作场所构成一个良好的色彩环境，称为色彩调节。良好的色彩环境可以获得如下效果：

① 增加明亮程度，提高照明效果；

② 标志明确，识别迅速，便于管理；

③ 注意力集中，减少差错和事故，提高工作质量；

④ 舒适愉快，减少疲劳；

⑤ 环境整洁，层次分明。

另外，在煤矿的升入井过程中要考虑明适应和暗适应对人视力的影响，应采用缓和照明，避免光亮度的急剧变化。机器设备的主要操作部件、信号装置，应按规定涂色，使之便于识别和操作。机器设备的本体色工作面的涂色，明度不宜过大，反射率不宜过高。选用适当的色彩对比，可以适当提高对细小零件的分辨能力。但色彩对比不可过大，否则反而会直接造成视觉疲劳提早出现。

其次，控制环境噪声。有关噪声对工作绩效的研究大都是在实验室进行的。有科学家研究了间歇噪声对警觉的效应，其研究结果表明，在噪声条件下，被试者反应较快，但感受性下降，错误增加。也有实验表明，长期暴露在噪声中对人体的瞬时记忆和注意能力均有明显的危害。在许多场合，由于噪声过大，严重影响人的语言交流，声信号只能传递有限的信息，这样常常造成错误。通常人们控制噪声的方法和措施主要有以下三种：

① 降低噪声源。更换装置，改进工艺；改善振源，减少摩擦；减少气流噪声，设置消声装置。

② 控制传播途径。将作业区和生活区分离开，利用屏蔽阻止噪声传播。

③ 个人防护装置。佩戴防护耳罩，实行轮流工作制，控制噪声源声音等。

再次，物品的合理布置和摆放。这主要包涵两层含义：一是应急救援物品和工具保证使用时能及时找到。在煤矿企业的生产过程中，因为随时都有可能出现意外情况，必要的应急救援物品一定要存放在固定的位置，以备急用。二是不用或暂时不用的物品应摆放得井井有条，不应妨碍员工的操作。煤矿生产过程中产生的一些废料和障碍物应及时进行清理；工作中不用或暂时不用的工具等也要放在一旁，以不妨碍员工的正常工作为原则。这样做的主要原因是这些杂物不仅有可能引起人的误操作和烦躁的情绪，还会在紧急疏散和撤离时绊倒或弄伤员工自身。

（2）创建和谐的人文环境。通常所说的人文环境包括家庭环境、社会环境和工作环境等。一个和谐的人文环境主要体现出的是亲情、友情和人性化。从某种意义上说，人文环境比自然环境更重要，因为一个良好的人文环境比自然环境更容易让人感觉到舒适、轻松和满足，也更容易激发人的创造力和凝聚力。

首先，要创造良好的工作氛围，主要从以下几个方面做起：

① 安全标语的张贴。企业应避免以往对安全单调、重复和教条的说教；标语的设计应更富有人性化，如温情提示、幽默提示等形式都可以采用，相信会比传统的"安全第一"更能引起员工的注意。

② 领导者的人文关怀。这也是很重要的一点。通常企业领导属于高层管理者，是一种居高临下的状态，这样就容易和员工之间出现距离感，导致领导和员工之间交流不畅通，领导有领导的想法，员工有自己的打算。其结果就是领导的主张因缺乏支持而难以推行和展开，即使勉强推行了又得不到落实，各项制度和政策也收不到应有的效果。所以，作为企业领导一定要平易近人，有广泛的群众基础，得到员工的拥护和爱戴，而这些除了依靠自己的正确领导和英明决策，就要来源于平日对员工的人文关怀。

③ 规章制度的人性化。有关安全生产的各项规章制度和操作规范一定要严格，而且一定要贯彻和落实到生产过程中去。换句话说，对于"安全"二字怎么强调都不过分。但是，其他一些无关安全生产的政策和制度则要尽

可能地体现出"人性化"这三个字。也就是说，在制定这些规章制度时应更多地从员工自身的角度出发，尽可能地充分考虑他们的切身利益、需求和感受。

其次，建立和谐的人际关系。紧张的人际关系无疑是对员工的工作和生产不利的。没有人愿意在一种纠纷不断、矛盾层出不穷的环境中工作，而且人与人之间的争权夺利、钩心斗角还需要耗费很大的精力，也容易分散员工的注意力，使其不能全身心地投入到工作当中。此外，矛盾和争端如果不及时调和就会升级，这样的结果不利于团结，并且因矛盾升级后产生的心理效应也会影响员工的安全生产。作为企业的领导者有一项重要的职责就是协调人际关系，这也是最能体现领导者能力的一个方面。首先，利益分配要均匀合理，使员工不会有严重的不平衡心理，自然就少了利益之争；其次，职务变动要透明化，要让员工亲自参与进来；再次，要多找员工交流、谈心，以便及时掌握员工的心理和需要；最后，对已有的矛盾要及时化解，必要时应安排工作调动。

3. 提高机器设备的可靠性

在机械化程度越来越高的当今社会，机器设备在生产中起着越来越重要的作用，使生产的效率大大提高。但由于机器设备引起的事故也层出不穷，给作业人员的身体甚至生命造成了巨大的威胁，所以必须提高机器设备的可靠性，在机器设备的设计阶段考虑安全人机工程的因素，最好能实现其本质安全化，即使不能，也要采取可靠的防护措施，保证机器设备即使出故障也不会伤害到作业人员。主要从以下几个方面实现。

1）减少机器故障

（1）利用可靠性高的元件。机器设备的可靠性取决于组成件或零件的可靠性，因此必须加强原材料、部件及仪表等的质量控制，提高零部件的加工工艺水平和装配质量。

（2）利用备用系统。在一定质量条件下增加备用设备，尤其是关键性设备，如电源、通风机、水泵等都应有备用；又如，矿井的主扇、连接电机及电源都应有备用，以使井下通风不致因偶然事件而中断。

（3）采用平行的并联配置系统，当其中一个部件出现故障时，机器设备仍能正常工作。如果两个单元并联系统中的一个单元发生故障，则系统的可靠性就降低到只有一个单元的水平。所以，为保持高可靠性，必须及时察觉故障，并能迅速更换和调整。

（4）对处于恶劣环境下的运行设备应采取一定的保护措施，如通过温度、湿度和风速的控制来改善设备周围的条件；对有些机器设备以致零部件要采用防振、防侵蚀、防辐射等相应措施。

（5）降低系统的复杂程度。增加机器设备的复杂程度就意味着其可靠性降低，同时机器设备的复杂操作也容易引起人为失误。

（6）加强预防性维修。预防性检查和维修是排除事故隐患、消除机器设备潜在危险、提高机器设备可靠性的重要手段。通过检修查明哪些部件仍可继续使用，哪些部件已达到使用寿命的耗损阶段，必须进行更换，否则会因存在隐患而导致事故的发生。

2）增加设备的使用安全性

生产条件的安全性与机器运转的可靠性有着不可分割的密切关系。安全性是依据生产中所采用的机器和装置，具体地指出其危险所在，并采取积极的防护措施，把它从系统中排除，达到生产条件的安全化。提高机器设备使用安全性的方法主要是加强安全装置的设计，即在机器设备上配以适当的安全装置，尽量减少事故的损失，避免对人体的伤害；同时，一旦机器设备发生故障，可以起到终止事故、加强防护的作用。提高机器设备使用安全性的方法主要有以下几种：

（1）设计安全开口。在合模处，开口的设计宽度要小于 5mm，这样，作业者身体的任何部位就不会进入危险表面。所以，对于需要合口的机器设备，在设计时应尽量将合口的宽度减小，消除危险性。

（2）设置防护屏。如果机器设备的工作部分为危险区，而作业者又时有进入的必要，可以在作业者与机器设备之间设计一防护屏，以保障安全作业。电锯座板上方的护罩为固定装置，下方为可调的形式。电锯不工作时，护罩全封闭；工作时，活动护罩可回缩，使其与工件一起成为一封闭式的防护屏，所以在任何情况下都不易发生危险。

（3）加设联锁装置。当作业者要进入电源、动力源这类危险区时，必须确保先断电，以保证安全，这时可利用联锁装置。也就是说，机器的开关与工作区的门是互锁的，当作业者打开门时，电源自动切断；当门关上后，电源才能接通。这样就为检修人员提供了安全保护装置。

（4）设置双手控制按钮。有些作业者习惯于一只手放在按钮上准备启动机器，另一只手仍在工作台面上调整工件。为了避免在开机时，一只手仍在工作台面上，可采用双手控制按钮，即只有双手离开台面去按开关钮，机器才能启动，从而保证了安全。

（5）安装感应控制器。当作业人员的身体经过感应区进入危险区时，感应区的感应器（红外线、超声波、光电信号等各种感应器）就会发出停止机器工作的命令，保护作业者，以免受到意外伤害。

3.5 安全行为作业体系的保障措施

1. 政策、法规的引导和鼓励

1) 国家加大安全管理力度，鼓励行为安全管理
大力引进外国先进的行为安全管理理念，积极鼓励高校科研人员进行行为科学的相关研究，促使校企合作，形成良好的行为安全管理研究氛围，制定相应的法律法规对安全行为作业体系的引进和研究进行正确的指导和规范，并对企业实施行为安全管理进行鼓励和督促，积极宣扬良好的行为安全管理理念和方法。在整个煤炭生产行业形成一种行为安全管理的风气。

2) 企业加大安全生产投入
煤矿企业要充分认识到行为安全管理对煤矿安全管理的重要性，加大对行为安全的投入，在企业内部形成一套完整的行为安全管理体系。在企业内部执行一套合理的行为安全管理规章制度，加大行为安全管理的人员投入、机械设备投入、资金投入，让全煤矿上下都能看到企业构建煤矿安全行为作业体系的决心和努力，争取在企业内固化成一种安全意识和文化。制定出适合煤矿工人的安全的标准作业体系，指导和规范员工的行为。

2. 领导层的大力支持

煤矿企业各阶层领导必须大力支持煤矿安全行为作业体系的构建工作，尤其是高层领导一定要态度坚决，破除万难把构建安全行为作业体系的行为推行下去，然后各级领导要积极配合，领导层要尽一切可能为行为安全观察人员和管理人员提供便利条件，为他们提供充足的时间、充分的场所，以及必要的权利，同时领导层的支持也会让员工心理有所寄托，也能使工人更加积极地配合安全行为作业体系的构建，而且领导层还要组织大力宣传此项工作，让企业上下都知道安全行为作业体系的好处和重要性，在心理和情感上接受行为安全管理，积极加入行为安全管理体系的构建活动。

3. 坚持以人为本、全员参与的方针

煤矿安全关乎全体煤矿工人的人身和生命安全，所以煤矿企业的安全行为作业体系的构建尤为重要。虽然领导层与企业的观念和行动将会起到表率的作用，但是毕竟他们不参与煤矿生产现场的作业活动，他们的行动不能完全决定企业的作业体系是否安全。所以，在煤矿安全行为作业体系的构建过程中，企业应让全体员工都认识到自己负有对自身和身边同事安全作出贡献的重要责任，企业还应根据自身的特点和需要制定员工参与安全行为作业体系建设的方式和途径，使员工真正投身到企业的行为安全管理中。煤矿工人对企业安全行为作业体系构建参与程度的高低，直接决定着该企业安全行为作业体系的构建是否成功。

4. 完善监管，形成长效机制

煤矿企业必须对自身的安全行为作业体系的建设情况进行定期的全面审核，包括：煤矿安全行为作业体系构建过程的有效性和安全绩效结果；根据审核结果确定并落实需整改项目、不安全行为和安全缺陷的优先次序，并识别新的改进机会；在企业安全行为作业体系的构建过程中及审核时，应采用有效的行为安全评估方法，关注不安全行为出现的前兆，给予及时的控制和改进。在被动式安全监督管理模式下，安全管理效能的发挥充分表现在实施安全检查的时间段，安全检查人员工作的空隙则称为安全管理的薄弱时间，检查不能覆盖的地点更容易成为事故发生的地点。自主安全管理模式做到了安全管理对象的统一，对象即工作者作业行为及其使用的设备和所处的环境，不同管理层次结构之间不再是单纯的监督与被监督的关系，而是目标一致的利益共同体，之间的区别主要是管理范围的不同。因此，围绕各生产地点形成若干监管层，加大了安全检查的覆盖率，针对检查发现的问题，则实施闭环式管理，即隐患的动态检查与落实考核，有力地促进了安全生产环境建设工作。PDCA 循环将一个过程抽象为计划、执行、检查、处理四个阶段，每个阶段都有阶段任务和目标，四个阶段为一个循环，通过这样一个持续的循环，使过程的目标业绩持续改进。PDCA 循环是安全行为系统的运行基础，它不但在系统内部进行循环，同时也在系统外部进行循环，从微观和宏观上对安全行为系统进行不断的发展和完善。其运行过程如图 3.6 所示。

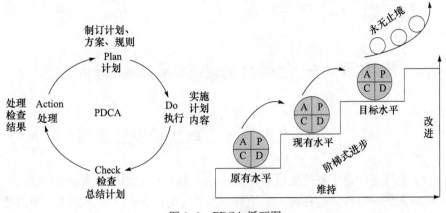

图 3.6　PDCA 循环图

第4章 安全行为作业体系测量与评价

4.1 煤矿工人行为心理测量表的编制

安全行为作业体系的测量，就是采用心理和行为测量学的原理和方法，对影响人员安全行为的各种因素进行心理和行为测量，并根据测量结果对整个煤矿生产作业体系的行为安全状况进行评价。针对我国当前严峻的安全生产形势，采用测量的形式对煤矿工人的作业体系进行测量，以此来评价作业体系的安全性，并据此控制和消除由于人的不安全行为而导致的事故，具有重大的现实意义。但从目前我国安全行为心理测量的研究和发展情况来看，安全行为心理测量还处于发展初期，国内外很少有学者和研发人员提出针对人的行为作业体系进行测量的理论和方法。特别是有关安全行为心理测量的许多系统性的专业性知识理论亟待有重大突破。

4.1.1 煤矿工人行为心理测量表的编制依据

编制的依据主要考虑以下三个方面：

（1）采用测量表进行人安全行为心理测量的全面性和简捷性。为了实现在煤矿生产作业现场对大量人员的快速施测，加之安全心理测试系统或生理、心理测定仪器操作的复杂性、施测环境的严格性和需要专业化的施测人员等因素，综合考虑来看，采用测量表进行人安全行为的心理测量是最为合适的选择，见表4.1。

（2）基于不安全行为模式研究以及对人因失误及不安全行为的机理分析等，再结合相关的行为安全测量研究的结果等，为煤矿工人的行为心理测量表的编制提供方向和依据。

（3）由于煤矿行为作业体系自身的特殊性，无法使用专门的仪器或者设备来对其进行衡量，只能是通过测量表的问卷调查形式，在测量完成之后对其测量数据进行分析和评价。

表 4.1　安全行为心理测量方法的分析、比较表

安全行为心理测量方法	优点	缺点	适用范围
量表测量法	全面、系统、简单、快捷	精确度不高	大量人员的快速施测
安全心理测试系统	科学、精确、专业化水准高	施测复杂、不全面	对员工进行某些特殊指标项目的精确测量
生理、心理测定仪器并辅以测量表	全面、合理	施测复杂	选拔专业从业人员

4.1.2　煤矿工人行为心理测量表的编制过程

根据第 1 章介绍的人的不安全行为形成因子的分析和不安全行为致因理论的分析，本书将不安全行为的导致因素概括为人的不安全性、组织管理的不安全性、人-机-环境系统的不安全性等几个大类，并且在第 3 章又分别对上述几种致因大类的组成部分进行了详细、全面的分解研究。因此，编制了人安全行为心理测量表，该测量表本着客观、实际、通俗、易懂的原则，设计了 50 个指标项目，内容涉及影响煤矿工人不安全行为和心理的各个方面，目的是从这几个方面对人的行为心理进行调查和测量，从而对煤矿工人的作业体系进行评价，并对不安全行为作业体系中的相关诱导因素进行预防和控制，同时也为了检验运用 ABC 分析法对煤矿工人不安全行为的改善效果，为煤矿工人安全行为作业体系的构建提供更加明确的评判标准和努力方向。选用的 50 个调查项目都用以测量煤矿工人对各个因素大类的反响及其表现，将表现频率和程度从低到高分成五个等级："1"代表表现程度为一级，从未出现过这种情况；"2"代表表现程度为二级，出现某种情况的程度较轻；"3"代表表现程度为三级，体现为中等程度；"4"代表表现程度为四级，意味着某些行为或心理出现情况较为偏重，"5"代表表现程度为五级，表示特别频繁或者特别严重的表现。测量表初步编制成型以后，首先请相关领域的专家对其结构及内容予以评定，同时请王庄煤矿工人完成该测量表的预备测试，并要求他们及时记下测量表中存在的问题，如用词不当、意思表达不清、内容欠缺等；然后按专家及预测被试者反馈回来的信息对测量表进行较为全面的修订；最后确定的测量表如附录 1 所示。

4.1.3　煤矿工人行为心理测量表的优点

与一般的心理测量表相比，人安全行为心理测量表具有以下几个显著的优点：

(1) 对测验的指导语、各项目指标作答的解释说明、作答者相关信息的统计分项（见附录 1）更加完善、全面。这样就能使被测者很容易掌握回答题目的要领和重点，从而达到较高的测验可靠性（信度和效度）。

(2) 根据项目指标编制的题目，制订了恰当的不同选项（分为〔全无，较轻，中等程度，偏重，严重〕五个等级），基本可以涵盖被调查者的心理情感和行为状态，具有较高的准确性和涵盖面。

(3) 题目的计分方式和评分方法既满足分析测定结果的要求，又较为方便快捷，不像其他测量表的计分方式十分复杂，经初步计分得到各测量表的原始分数后，还要对原始分数加上一定比例的分数进行校正，最后还需将各分测量表的原始分数转化成标准的分数后才能对其分数进行解释。而此处设计的人安全行为心理测量表无需对分数进行解释，只需对各个题目相关选项的分数合成后，即可衡量煤矿工人作业体系中人的心理和行为的安全性。

4.2　实　施　测　量

4.2.1　施测对象和内容的确定

为全面考查煤矿工人行为心理测量表的科学性和合理性，将测量表的施测范围尽可能地扩大到煤矿生产作业的所有操作行为体系，通过选取王庄煤矿 120 名一线生产操作工人，用编制好的煤矿工人行为心理测量表进行测量。测量表的问题设计涵盖了煤矿工人生产生活的各个方面。

施测时，首先，与每个企业的安全监察部门及各个生产车间/工区的领导联系，向他们讲明来意，取得他们的信任和支持。然后，培训各个生产班组的负责人，告知他们完成问卷的方法及详细要求。最后，利用班组安全学习的机会或特意安排一次测试，以群体测试的形式完成测量表的测试工作，并当场回收测量表。测试中定有专人负责组织人员、发放回收测量表及向各位被试者说明测试要求、回答问卷的具体方法等，并尽量保证每一位工人的作答结果和其平时在生产过程中的安全行为表现情况一致，反映出被测者的真实情况。

发放针对煤矿工人的测量表 120 份，实际回收 118 份，经过多方面资料的参考和筛选，最终确立了人安全行为心理测量的共 50 条重要指标项目。根据对人员进行全部 50 条指标项目的测量结果，确定每一条指标项目的权重，并通过统计学方法判断测量表的可靠性，进而对煤矿工人的安全行为状况进行评价。最终测量表的数据统计如表 4.2 所示。

表 4.2　测量结果的项目指标统计表

指标项目	选项	人数	所占比例	指标项目	选项	人数	所占比例	指标项目	选项	人数	所占比例
1	1	14	0.1186	6	1	14	0.1186	11	1	15	0.1271
	2	22	0.1864		2	26	0.2203		2	19	0.1610
	3	32	0.2712		3	30	0.2542		3	30	0.2542
	4	30	0.2542		4	22	0.1864		4	30	0.2542
	5	20	0.1695		5	26	0.2203		5	24	0.2034
2	1	18	0.1525	7	1	14	0.1186	12	1	17	0.1441
	2	20	0.1695		2	24	0.2034		2	23	0.1949
	3	30	0.2542		3	32	0.2712		3	27	0.2288
	4	28	0.2373		4	26	0.2203		4	28	0.2373
	5	22	0.1864		5	22	0.1864		5	23	0.1949
3	1	20	0.1695	8	1	15	0.1271	13	1	18	0.1525
	2	21	0.1780		2	24	0.2034		2	25	0.2119
	3	32	0.2712		3	27	0.2288		3	30	0.2542
	4	24	0.2034		4	31	0.2627		4	28	0.2373
	5	21	0.1780		5	21	0.1780		5	17	0.1441
4	1	15	0.1271	9	1	29	0.2458	14	1	18	0.1525
	2	17	0.1441		2	20	0.1695		2	30	0.2542
	3	30	0.2542		3	28	0.2373		3	27	0.2288
	4	31	0.2627		4	23	0.1949		4	25	0.2119
	5	25	0.2119		5	18	0.1525		5	18	0.1525
5	1	13	0.1102	10	1	14	0.1186	15	1	17	0.1441
	2	21	0.1780		2	22	0.1864		2	18	0.1525
	3	28	0.2373		3	25	0.2119		3	28	0.2373
	4	30	0.2542		4	30	0.2542		4	30	0.2542
	5	26	0.2203		5	27	0.2288		5	25	0.2119

续表

指标项目	选项	人数	所占比例	指标项目	选项	人数	所占比例	指标项目	选项	人数	所占比例
16	1	20	0.1695	23	1	15	0.1271	30	1	15	0.1271
	2	30	0.2542		2	22	0.1864		2	21	0.1780
	3	27	0.2288		3	26	0.2203		3	26	0.2203
	4	24	0.2034		4	28	0.2373		4	30	0.2542
	5	17	0.1441		5	27	0.2288		5	26	0.2203
17	1	18	0.1525	24	1	18	0.1525	31	1	20	0.1695
	2	22	0.1864		2	23	0.1949		2	24	0.2034
	3	28	0.2373		3	25	0.2119		3	26	0.2203
	4	26	0.2203		4	28	0.2373		4	28	0.2373
	5	24	0.2034		5	24	0.2034		5	20	0.1695
18	1	17	0.1441	25	1	28	0.2373	32	1	15	0.1271
	2	26	0.2203		2	26	0.2203		2	25	0.2119
	3	28	0.2373		3	27	0.2288		3	26	0.2203
	4	24	0.2034		4	22	0.1864		4	30	0.2542
	5	23	0.1949		5	15	0.1271		5	22	0.1864
19	1	20	0.1695	26	1	20	0.1695	33	1	20	0.1695
	2	28	0.2373		2	25	0.2119		2	25	0.2119
	3	30	0.2542		3	28	0.2373		3	28	0.2373
	4	26	0.2203		4	23	0.1949		4	22	0.1864
	5	14	0.1186		5	22	0.1864		5	23	0.1949
20	1	19	0.1610	27	1	17	0.1441	34	1	17	0.1441
	2	28	0.2373		2	19	0.1610		2	23	0.1949
	3	29	0.2458		3	26	0.2203		3	25	0.2119
	4	22	0.1864		4	26	0.2203		4	27	0.2288
	5	20	0.1695		5	30	0.2542		5	26	0.2203
21	1	19	0.1610	28	1	30	0.2542	35	1	15	0.1271
	2	24	0.2034		2	28	0.2373		2	26	0.2203
	3	26	0.2203		3	26	0.2203		3	28	0.2373
	4	25	0.2119		4	20	0.1695		4	24	0.2034
	5	24	0.2034		5	14	0.1186		5	25	0.2119
22	1	29	0.2458	29	1	19	0.1610	36	1	15	0.1271
	2	27	0.2288		2	25	0.2119		2	23	0.1949
	3	25	0.2119		3	27	0.2288		3	30	0.2542
	4	20	0.1695		4	28	0.2373		4	26	0.2203
	5	17	0.1441		5	19	0.1610		5	24	0.2034

续表

指标项目	选项	人数	所占比例	指标项目	选项	人数	所占比例	指标项目	选项	人数	所占比例
37	1	28	0.2373	42	1	16	0.1356	47	1	18	0.1525
	2	26	0.2203		2	22	0.1864		2	21	0.1780
	3	25	0.2119		3	26	0.2203		3	26	0.2203
	4	23	0.1949		4	26	0.2203		4	31	0.2627
	5	16	0.1356		5	28	0.2373		5	23	0.1949
38	1	18	0.1525	43	1	23	0.1949	48	1	18	0.1525
	2	21	0.1780		2	22	0.1864		2	23	0.1949
	3	27	0.2288		3	25	0.2119		3	26	0.2203
	4	27	0.2288		4	25	0.2119		4	28	0.2373
	5	25	0.2119		5	23	0.1949		5	24	0.2034
39	1	17	0.1441	44	1	19	0.1610	49	1	20	0.1695
	2	23	0.1949		2	21	0.1780		2	22	0.1864
	3	25	0.2119		3	22	0.1864		3	31	0.2627
	4	27	0.2288		4	26	0.2203		4	21	0.1780
	5	26	0.2203		5	30	0.2542		5	24	0.2034
40	1	17	0.1441	45	1	17	0.1441	50	1	16	0.1356
	2	21	0.1780		2	25	0.2119		2	22	0.1864
	3	26	0.2203		3	28	0.2373		3	32	0.2712
	4	30	0.2542		4	26	0.2203		4	25	0.2119
	5	24	0.2034		5	22	0.1864		5	23	0.1949
41	1	17	0.1441	46	1	14	0.1186				
	2	23	0.1949		2	21	0.1780				
	3	20	0.1695		3	26	0.2203				
	4	27	0.2288		4	28	0.2373				
	5	31	0.2627		5	30	0.2542				

4.2.2　测量表可靠性验证

对初步测量结果使用 SPSS 软件解算出该测量表的效度和信度，如表 4.3 所示。由表可知，该测量表的信度和效度均较高，说明该测量表具有较高的内部一致性和有效性，可以反映各个指标项目对煤矿工人行为作业体系的表达效果；也说明这 50 个指标项目都是影响煤矿工人行为作业体系安全程度的重要因素，所以编制的煤矿工人行为心理测量表是非常可靠的，并且能够非常真实地展现煤矿工人行为作业体系的安全程度，所以编制出最终的行为心理测量表（见附录 1）对人们借助 ABC 分析法建立煤矿工人行为安全标准作业体系具有十分重要的意义和作用。

表 4.3　综合测量表的效度和信度求算结果表

项目号	因素荷重	项目号	因素荷重	项目号	因素荷重	项目号	因素荷重	项目号	因素荷重
1	0.69	11	0.73	21	0.76	31	0.83	41	0.73
2	0.75	12	0.72	22	0.65	32	0.81	42	0.84
3	0.81	13	0.68	23	0.79	33	0.79	43	0.75
4	0.72	14	0.89	24	0.90	34	0.68	44	0.78
5	0.68	15	0.73	25	0.81	35	0.82	45	0.81
6	0.76	16	0.91	26	0.74	36	0.90	46	0.89
7	0.78	17	0.75	27	0.69	37	0.71	47	0.91
8	0.83	18	0.69	28	0.72	38	0.80	48	0.73
9	0.74	19	0.88	29	0.73	39	0.74	49	0.76
10	0.67	20	0.77	30	0.75	40	0.69	50	0.71

4.3　基于灰色模糊综合评价法的安全行为作业体系评价

4.3.1　评价方法的选择依据

对研究对象进行评价，选取什么样的评价方法是评价的关键。评价方法要结合评价对象的实际情况进行选择，评价对象不同，所选用的评价方法也不同。安全评价，也称为风险评价，是指对一个具有特定功能的工作系统中固有的或潜在的危险及其严重程度所进行的分析与评估，并以既定指数、等级或概率值作出定量的表示，最后根据定量值的大小决定采取预防或防护对策。其目的是实现人-机-环境系统的安全运行。按评价对象的不同阶段可分为预评价、中间评价和现状评价；按评价方法的特征可分为定性评价和定量评价；按评价内容的不同又可分为过去状态的安全评价、现有工艺过程和生产装置的综合安全评价、系统设计阶段的安全评价。目前各领域通常采用的评价方法有很多，如模糊综合评价法、主成分分析法、灰色关联度分析评价法、因子分析法、聚类分析法、概率风险评价法、神经网络评价法、层次分析法、计算机辅助评价方法等。其中灰色关联度分析评价法和模糊综合评价法是安全评价中应用最为普遍的两种典型方法理论。

依据人安全行为影响指标知识系统的特点和人安全行为作业体系指标测量表的实测数据情况，采用灰色模糊综合评价法对煤矿工人行为作业体系的安全状况进行评价。选择此综合评价模型的依据主要有以下几点：

（1）人的行为作业系统是一个巨系统，也就是说，煤矿工人的安全行为作业体系模糊。除此之外，安全性大小本身就是一个模糊概念，难以用确定性的量值加以度量，现有的关于定量的划分也只是一种近似的参考值。可以说，到目前，国内外还没有一套针对人的安全行为甚至针对人的行为的系统全面、行之有效、简易实用的科学理论被提出。所以，采用模糊数学的方法对人的作业体系进行评价是客观且可行的。

（2）要对煤矿工人行为作业体系的安全状况进行定量评价，就需要以人员回答的选择情况为基础，而这些回答具有一定灰色性，因为在某段时间内，人们针对这些指标的实际情况的变化不会很大，但会有较小程度的差异，这会导致人们对客观事物的认识存在不充分性，由于在实际工作中难以取得评价所需的全部信息，即存在指标所需信息不充分的问题，这些差异正是灰色性的一种表现。因此，必须借助灰色系统的理论知识来构建行为作业体系的评价模式。

4.3.2　灰色模糊综合评价法的理论基础

1. 模糊数学理论

模糊理论（fuzzy theory）是由美国加利福尼亚大学 L. A. Zadeh 教授于 20 世纪 60 年代创立的，它是用数学方法研究和处理具有模糊性现象的数学，故通常称为模糊数学。模糊数学就是试图利用数学工具解决模糊事物方面的问题。模糊数学的产生把数学的应用范围从精确现象扩大到模糊现象的领域去处理复杂的系统问题。模糊数学的出现，给人们研究那些复杂的、难以用精确的数学描述的问题带来了简单而又方便的方法。模糊集合是模糊数学的基础，模糊数学是研究和处理模糊性现象的数学方法。

模糊综合评价法是建立在模糊集合基础上的一种评价方法，它的特点在于其评价方式与人们的正常思维模式很接近，在评价过程中，用程度语言描述评价对象的定性因素时，许多模糊现象很难明确地划定界限，无法用通常的简单数字来表达，所以用模糊数学来处理。模糊综合评价法通过借助模糊数学的一些概念，对实际的综合评价问题提供一些评价的方法。具体地说，模糊综合评价就是以模糊数学为基础，应用模糊关系合成的原理，将一些边界不清、不易定量的因素定量化，从多个因素对被评价对象隶属等级状况进行综合性评价的一种方法。但该评价方法本身并不能解决评价指标相关造成的评价信息重复问题，其不足之处在于不能直接利用原始数据进行分析，对所有指标完全依靠人为评分的方法，在很大程度上存在着人为的因素，从而会给评判结果带来较大的误差。此外，隶属度函数的确定还没有系统的方法，有待进一步探讨。

2. 灰色系统理论

由中国学者邓聚龙教授于 1982 年创立的灰色系统理论（grey system theory），是一种研究少数据、贫信息不确定性问题的新方法。灰色系统理论以"部分信息已知，部分信息未知"的"小样本"、"贫信息"不确定性系统为研究对象，主要通过对部分已知信息的生成、开发，提取有价值的信息，实现对系统运行行为、演化规律的正确描述和有效监控。灰色系统模型对实验观测数据没有特殊的要求和限制，因此应用领域非常宽广。灰色系统理论着重研究概率统计、模糊数学所难以解决的"小样本"、"贫信息"不确定性问题，并依据信息覆盖，通过序列算子的作用探索事物运动的现实规律，其特点是"少数据建模"。在灰色系统中，用"黑"表示信息未知，用"白"表示信息完全明确，用"灰"表示部分信息明确、部分信息不明确。相应地，信息完全明确的系统称为白色系统，信息未知的系统称为黑色系统，部分信息明确、部分信息不明确的系统称为灰色系统。灰色系统用灰数、灰色方程、灰色矩阵等来描述，其中灰数是灰色系统中的基本单元，是灰色集合的重要组成部分。把只知道大概范围而不知其确切值的数称为灰数，在应用中，灰数实际上是指在某一区间或某个一般的数集内取值的不确定数。灰色方程是指含有灰参数的方程，而灰色矩阵是指含有灰参数的矩阵。

3. 灰色模糊集合

定义 4.1　设 $\underset{\otimes}{\tilde{A}}$ 是空间 $X=\{x\}$ 上的模糊子集，若对于 $\tilde{A}$ 的隶属度 $u_A(x)$ 是 [0，1] 上的一个灰数，其点灰度为 $v_A(x)$，则称 $\tilde{A}$ 为 X 上的灰色模式子集或灰色模糊集合，简称 GF 集，记作 $\underset{\otimes}{\tilde{A}}$，即 $\underset{\otimes}{\tilde{A}}=\{(x，u_A(x)，$

$v_A(x)) \mid x \in X$。$\tilde{A}_{\otimes}$ 可以写成 $\{(x, u_A(x)), (x, v_A(x))) \mid x \in X\}$，因而可以用"集偶"表示为 $\tilde{A}_{\otimes} = (\tilde{A}, A)$，其中 $\tilde{A} = \{(x, u_A(x)) \mid x \in X\}$，$A_{\otimes} = \{(x, v_A(x)) \mid u_A(x) > 0, x \in X\}$。

定义 $(\tilde{A}, A)$ 为灰色模糊集合 $\tilde{A}_{\otimes}$ 的分部表示，其中 $\tilde{A}$ 称为 $\tilde{A}_{\otimes}$ 的模糊部分（简称模部），$A_{\otimes}$ 称为 $\tilde{A}_{\otimes}$ 的灰色部分（简称灰部）。

若 GF 集 $\tilde{A}_{\otimes}$ 的灰部 $A_{\otimes}$ 为经典集合 A，则 $\tilde{A}_{\otimes} = (\tilde{A}, A) = \tilde{A}$，故模糊集合是灰色模糊集合的特例；而若 GF 集合 $\tilde{A}_{\otimes}$ 的模部 $\tilde{A}$ 为经典集合 A，则 $\tilde{A}_{\otimes} = (A, A_{\otimes}) = A_{\otimes}$，故灰色集合是灰色模糊集合的特例。所以，灰色模糊集合既是模糊集合的推广又是灰色集合的推广，因而更是经典集合的推广。

当 X 为有限集时，可以把 $\tilde{A}_{\otimes}$ 表示为

$$\tilde{A}_{\otimes} = \{(u_A(x_1), v_A(x_1)), (u_A(x_2), v_A(x_2)), \cdots, (u_A(x_n), v_A(x_n))\}$$

由定义可知，灰色模糊集合 $\tilde{A}_{\otimes}$ 由数偶 $(u_A(x), v_A(x))(x \in X)$ 唯一确定。

4. 灰色模糊关系

定义 4.2 给定空间 $X = \{x\}$ 与 $Y = \{y\}$，若 x 与 y 对模糊关系 $\tilde{R}$ 的隶属度 $u_R(x, y)$ 有点灰度 $v_R(x, y)$，则称直积空间 $X \times Y$ 中的灰色模糊集合 $\tilde{R}_{\otimes} = \{((x, y), u_R(x, y), v_R(x, y)) \mid x \in X, y \in Y\}$ 为 $X \times Y$ 上的灰色模糊关系，简称 GF 关系。灰色模糊关系同样可以用"集偶"表示为 $\tilde{R}_{\otimes} = (\tilde{R}, R)$，其中 $\tilde{R} = \{((x, y), u_R(x, y)) \mid x \in X, y \in Y\}$ 称为 $X \times Y$ 上的模糊关系；$R_{\otimes} = \{((x, y), v_R(x, y)) \mid x \in X, y \in Y\}$ 称为 $X \times Y$ 上的灰色关系。

定义 4.3 设 $\tilde{R}_{\otimes}$ 与 $\tilde{S}_{\otimes}$ 分别为 $X \times Y$ 与 $Y \times Z$ 上的 GF 关系，则称 $X \times Z$ 上的 GF 关系 $\tilde{R}_{\otimes} \circ \tilde{S}_{\otimes} = (\tilde{R} \circ \tilde{S}, R_{\otimes} \circ S_{\otimes})$ 为 GF 关系 $\tilde{R}_{\otimes}$ 与 $\tilde{S}_{\otimes}$ 的合成。

当 $X = \{x\}$、$Y = \{y\}$、$Z = \{z\}$ 均为有限集时，GF 关系及其合成可以用 GF 矩阵来表示。

定义 4.4 设 $\tilde{R}_{\otimes} = [u_{ij}]_{m \times n}$ 是一个模糊矩阵，若元素 u_{ij} 有点灰度 v_{ij}，则

称以序偶（u_{ij}，v_{ij}）为元素的矩阵

$$\underset{\otimes}{\widetilde{R}}=\begin{bmatrix}(u_{11}，v_{11}) & (u_{12}，v_{12}) & \cdots & (u_{1n}，v_{1n})\\(u_{21}，v_{21}) & (u_{22}，v_{22}) & \cdots & (u_{2n}，v_{2n})\\\vdots & \vdots & & \vdots\\(u_{m1}，v_{m1}) & (u_{m2}，v_{m2}) & \cdots & (u_{mn}，v_{mn})\end{bmatrix}$$

为灰色模糊矩阵，简称 GF 矩阵，记作 $\left[(u_{ij}，v_{ij})\right]_{m\times n}$。

4.3.3　灰色模糊综合评价模型的建立

1. 分析影响因素体系

根据层次分析的思想，对影响评价对象的所有因素按属性进行分类，建立影响因素的递阶层次关系。假设因素集 $U=\{u_1，u_2，\cdots，u_m\}$，评语集 $V=\{v_1，v_2，\cdots，v_n\}$。

2. 确定权重集

权重集可视为评价对象与因素集之间的灰色模糊关系。根据建立的影响因素递阶层次关系，给出同一层次中各因素关于上一层准则的权重及相应的点灰度，构成权重集：

$$\underset{\otimes}{\widetilde{A}}=\left[(a_1，v_1)，(a_2，v_2)，\cdots，(a_m，v_m)\right]\tag{4.1}$$

其中，各权重值要求归一化，即 $\sum_{i=1}^{m}a_i=1$。

由于信息很难准确量化，可用描述性的语言来对应一定的灰度范围，如可按信息的充分程度分成以下几类：{很充分，比较充分，一般，比较贫乏，很贫乏}，对应灰度值为 {0～0.2，0.2～0.4，0.4～0.6，0.6～0.8，0.8～1.0}，由评价者给定。

3. 建立评价矩阵

评价矩阵可视为因素集与评语集之间的灰色模糊关系，根据某一因素给出评价对象对评语集中各元素的隶属度，并根据信息的充分程度给出相应的灰度矩阵为

$$\underset{\otimes}{\widetilde{R}}=\begin{bmatrix}(u_{11}，v_{11}) & (u_{12}，v_{12}) & \cdots & (u_{1n}，v_{1n})\\(u_{21}，v_{21}) & (u_{22}，v_{22}) & \cdots & (u_{2n}，v_{2n})\\\vdots & \vdots & & \vdots\\(u_{m1}，v_{m1}) & (u_{m2}，v_{m2}) & \cdots & (u_{mn}，v_{mn})\end{bmatrix}\tag{4.2}$$

4. 综合评价

1) 一级综合评价

在模部运算中采用 $M(\cdot, +)$ 算子，灰部运算采用 $M(\odot, +)$ 算子，以保留尽可能多的评价信息。得到灰色模糊综合评价的结果为

$$\underset{\otimes}{\widetilde{B}} = \underset{\otimes}{\widetilde{A}} \circ \underset{\otimes}{\widetilde{R}} = [(b_j, v_{bj})]_n = \left[\left(\sum_{k=1}^{m} a_k \cdot \mu_{kj} \right), \prod_{k=1}^{m} (1 \wedge (v_k(a_k) + v_{kj})) \right]$$

(4.3)

2) 二级综合评价

二级综合评价子因素 u_i 是其上一级因素集 U 的元素，得到因素集 U 与评语集 V 的灰色模糊关系矩阵为

$$\underset{\otimes}{\widetilde{R}} = [\underset{\otimes 1}{\widetilde{B}}, \underset{\otimes 2}{\widetilde{B}}, \cdots, \underset{\otimes i}{\widetilde{B}}]^{\mathrm{T}}$$

(4.4)

按照一级综合评价的方法给出权重集 $\underset{\otimes}{\widetilde{A}}$，求得最终评价对象 U 的综合评价向量为

$$\underset{\otimes}{\widetilde{B}} = \underset{\otimes}{\widetilde{A}} \circ \underset{\otimes}{\widetilde{R}} = [(b_1, v_1), (b_2, v_2), \cdots, (b_m, v_m)]$$

(4.5)

第 5 章　ABC 管理实施

5.1　基于 ABC 分析法的行为分析

在煤矿生产过程中，人起着非常重要的作用，大多数煤矿安全事故是由人的不规范行为或不安全行为诱发的，而人的行为具有可观察性和可测量性，是可以通过引导或者刺激因素进行管理的。所以，将 ABC 分析法运用到不安全行为的致因分析中，并以此为根据来进行煤矿行为安全管理，将十分有利于提高煤矿工人的安全意识，促进"以人为本"安全管理体系的形成。

5.1.1　ABC 观察

在煤矿企业中，应组建成立一批专业的 ABC 观察队伍，其成员应该由企业的领导、主管安全工作的管理人员、一线生产的班组长以及各个岗位的员工代表等组成。领导的参与有利于观察和交流工作以及各项政策措施的顺利执行，使关键领导力渗透于各个环节，让员工切身感受到领导对安全的重视以及安全的重要性；安全管理人员拥有专业的知识和丰富的经验，有利于深入煤矿工人行为安全管理的各个层面和各个因素；一线煤矿工人代表最了解矿井生产的实际情况，能够提出具有实用性和实效性的现场观察方法和调研手段。另外，还要把行为安全管理的精神贯穿到企业文化中，并做出合理的解释，来消除员工可能产生的误解，促使全员积极配合煤矿的行为安全管理工作，保障行为观察的行动真实准确地实施。

5.1.2　ABC 观察方法培训

为了使 ABC 观察小组成员进行有效的煤矿工人的观察，需要对观察人员进行一些必要的技巧和方法培训，主要的培训内容如下。

（1）规则：首先要培训使用 ABC 分析法进行行为安全管理的实施过程，以及 ABC 分析模型；准确理解煤矿工人关键行为及行为安全观察表的使用方法，确保行为观察员明确对哪些行为环节进行重点考核，同时更加清楚地区分哪些行为是安全的或者不安全的，讲述一些观察和管理的基本要求和规则。

（2）观察：既然要到现场观察员工的行为，就要培训一些适当的接近员工的方式，使员工能够正常地发挥，不产生排斥或者反常的心理，又能适当及时地阻止员工的不安全行为，同时对安全操作行为进行鼓励。

（3）沟通：与员工讨论观察到的不安全行为、状态和可能产生的后果，鼓励员工积极参与发掘不安全行为产生的原因，探讨消除不安全行为产生原因的方式，以期达到更为安全的工作方式。

（4）启发：引导员工讨论工作地点的其他安全问题。

（5）感谢：对员工的配合表示感谢。

5.1.3　现场观察、沟通和数据收集

行为观察和收集数据是 ABC 分析的开始，为准确而全面的安全行为分析提供原始资料和数据。首先制定合理的现场观察程序，并根据培训的技巧和方法去现场对员工进行观察，进行必要的交流和讨论，收集原始的煤矿生产现场的工人行为数据。这个过程体现在对煤矿生产活动中工人的重点行为进行仔细观察，并涉及煤矿生产活动的各个方面，渗透到煤矿生产的每个环节，还要客观地反映实际情况，同时有重点地选择可能对安全产生影响的行为进行观察和研究，避免行为观察的烦琐和重复影响行为分析的有效性。行为安全观察与沟通要求企业管理者积极参与行为安全审核活动。安全观察要求执行者对一名正在工作的人员观察 30s 以上，以确认有关任务是否在安全地执行，观察对象包括员工作业行为和作业环境，其中既包括对安全行为及环境的肯定，也包括对不安全行为及环境的及时纠正，通过与员工平等耐心地交流，鼓励他们积极、主动地寻找工作中的不安全因素，强化员工安全行为意识。目的是通过这个过程，找出工人的不安全行为，并通过与之交流，探索不安全行为产生的根本原因，做出详细的记录、整理、分类。这些观察积累的各种行为数据，会对实际情况有客观的反映，进而为行为安全的研究和控制提供有力的支撑。

5.1.4　不安全行为登记

把行为观察员在现场观察和交流过程中积累的原始数据进行整理，重新填入新的不安全行为登记表中，把对各个不安全行为初步所得的原因填入表

中相应的位置，不安全行为观察登记表如表 5.1 所示。

表 5.1 不安全行为观察登记表

姓名		性别		年龄		学历	
岗位		现岗工龄		职称		婚姻状况	
工作描述							
不安全行为表现							
交流讨论的记录和初步原因							
整理归纳出的具体原因							
不安全行为致因所属大类							

5.1.5 不安全行为原因分析与归类

汇集所有的观察人员，运用 ABC 分析法，对所观察到的不安全行为进行分析，结合与煤矿工人交流得到的信息，探讨引起每一个行为动作发生的最原始的诱导因素，总结出员工不安全行为的根本的、具体的原因。然后，把不安全行为的因素归结为几个大类，它们分别是人本身的不安全性、组织管理体系的不安全性、人-机-环境系统的不安全性，并完善整个不安全行为观察登记表，为不安全行为改善和行为安全管理提供具有价值的参考依据。

5.2 不安全行为改善 ABC 理论模型的建立

基于煤矿行为安全管理的相关理论和模式，并结合 ABC 分析法找出的不安全行为发生的根本原因，对煤矿工人进行循环行为安全管理，纠正和改善不安全行为，鼓励安全行为，从而不断完善煤矿生产活动中每个环节的安全操作行为，让员工的行为依次经历意识、行为、习惯、潜意识的发展和转变，直至固化为员工的自觉行为，最终构建成一个具有闭回路系统的不安全行为改善模型，提高煤矿生产的安全水平，减少煤矿事故发生的概率。

5.2.1　煤矿从业人员不安全行为管理手段

现代煤矿安全管理是"以人为中心"的安全管理，随着煤炭生产的现代化和煤矿安全管理水平的提高，系统的安全管理越来越受到重视，要求从煤矿的整体出发，把重点放在危险源的控制上，实行全员、全面、全方位的安全管理。煤矿生产活动中的不安全行为产生的原因是多方面的，有个人自身的原因，也有工作环境差、劳动强度大、单调作业因素、重视程度不够、操作不熟练等。行为安全管理着眼于对人的行为的有效管理，因此为促进煤矿生产系统更加安全、和谐，煤矿企业应采取多样化的手段和措施。

1. 注意人员选拔和岗位调配

煤矿井下工作环境具有特殊性及对安全性要求极高的特点，使得煤矿工人的个人素质以及其与自身岗位匹配的程度显得尤为重要，而且还会涉及其他人员的安全问题。所以，在控制煤矿企业不安全行为的过程中，把好人员录用的岗位胜任能力匹配的关卡，从人员安全的源头消除安全隐患显得极其重要，而且随着安全心理学、安全行为学、人因工程等学科的发展，出现了越来越多对人的研究方法和理论可以应用到实践中，煤矿企业可以从心理素质、性格特点、空间知觉、声光反应能力、机械操作能力等方面评估正常情况下员工安全行为能力，利用艾森克人格理论和简版问卷开展人格气质类型的实验研究，从而实现对煤矿工人安全性的初步甄选和实现员工的岗位匹配。

2. 加强安全教育和培训工作，提高员工综合素质

在煤矿企业实行多样化的安全教育培训，有利于人才的培养及员工综合素质的提高，使安全意识深植于每一位员工的脑海中。安全培训能使员工从思想上认识到安全的重要性，使员工了解和掌握其工作岗位可能遇到的各种危险源、危险程度、预兆以及防范措施、自救常识等，促使员工安全地、规范地进行每一个环节的操作。同时，在煤矿生产过程中可实施结对、帮促制度。一名管理人员对一个班组或一个岗位进行结对，从班组管理到现场作业，帮助其监控作业中的不安全行为，分析造成不安全行为的原因，制定消除不安全行为的有效措施。发生不安全行为的班组通过参加行为安全管理队

伍，形成从上到下有效控制不安全行为的循环网络。这种整个安全生产系统的循环往复的安全生产行为，通过长期的积累，可促进全员安全意识的发展和提高。

3. 加强煤矿生产现场管理

煤矿安全管理中应加强技术和人员的现场管理。相关负责人和技术人员要定期地视察生产一线的情况，实时掌握采掘环境、顶板岩层等的变化，对技术措施、作业规程、操作规程进行审查，并及时进行修改、补充，增强针对性和可操作性，定期对各种安全设备、仪器、仪表进行检测检验，定期对重点区域和关键环节进行巡回检查，及时发现并消除隐患，尽量消除会对员工操作产生影响的一切不利因素；另外，还要规范每位员工的作业标准，制定合适的标准作业体系和人性化的管理方法。现场管理需要全体员工共同参与，充分调动每个员工的主动性、积极性和创造性，对员工操作实时监督和纠正，把隐患和事故消灭在萌芽状态。同时，员工在工作中相互观察、相互分析，通过反馈调整个体行为或向组织反映对管理制度、方法的意见，使组织及时调整制度，不断提高安全管理水平。

4. 强化安全责任制，建立健全考核体系，完善激励制度

煤矿企业要建立各级管理人员、各个工程技术人员的安全生产责任制以及各个工种的安全岗位责任制，做到职责明确、分层管理、层层落实。在生产过程中必须规范和约束现场作业行为，强化安全管理逐级负责。同时，制定规范的、行之有效的生产运作和安全管理的考核办法，促进通风、巷道、运输、洗选等各个环节的安全管理工作到位。实行生产任务、管理绩效的逐项分解量化考核。对生产一线的员工可开展定期考评，将员工的业务素质、日常工作表现与评定结果挂钩，激发员工创优争先、奋发向上的热情，进一步调动员工主动提升安全意识的积极性。煤矿企业要重视激励方法的应用，建立以人为本的激励制度，并不断完善奖惩机制。主要借助 ABC 分析来促进煤矿企业一些基于行为控制的创新性的激励手段，即行为控制型和行为改造型的激励方法，通过研究环境、管理等激励或促动因子，及时采用正强化或负强化的手段，以实现员工行为的转变。

5. 塑造新型的煤矿安全文化

安全文化是组织安全管理的一个重要指标，是安全管理成功与否的一个

决定性因素。煤矿安全行为也离不开安全文化，煤矿企业有良好的安全文化有利于安全行为的形成和发扬，有利于提高煤矿安全管理水平，提高安全生产的能力。煤矿企业应结合每个个体、群体的不同情况营造煤矿相应的安全文化，从而对个体行为、群体行为及组织行为实行安全综合控制和利用，实现煤矿的安全生产和行为安全管理。

6. 提升作业环境水平

要想降低煤矿工人的不安全行为，实现系统的本质安全，应不断完善矿井安全生产的设施和环境。首先，要突出物的本质安全，加大安全投入和强化设备管理。从改善装备水平入手，发展机械化和自动化；同时，淘汰落后的生产设备和生产工艺，加快设备更新速度，严禁使用国家明令淘汰的技术和装备。健全在用设备定期检修、维护、保养、检测制度，减少人为操作失误，确保设备状态良好，各项安全保护齐全可靠。在推广新材料、新工艺、新技术和新装备时，注重结合本企业的条件进行认真分析，制定必要的安全措施，确保推广过程中的安全生产。同时，积极与相关高等院校、科研院所实施产学研有机结合，以提高装备安全可靠性，以降低故障率为目的，围绕通风、提升、运输、排水、供电等主要生产系统，研制先进的安全装备；还要注重煤矿作业环境的改善和布局，根据人因工程和工效学设计作业场所的各种设备设施和工具夹具，使工作场所的环境符合人的需求，适合工人工作，心理、精神、身体都得到健康发展。

5.2.2　基于 ABC 分析构建不安全行为改善模型

通过对 ABC 分析法的应用介绍及其在煤矿行为安全管理中应用的详细分析，可知煤矿工人的不安全行为可以通过对煤矿工人作业现场的不安全行为，运用 ABC 分析法，透过不安全行为的表象和产生结果，找出导致不安全行为发生的根本原因，再借助前文介绍的煤矿行为安全管理的相关方法和手段，对不安全行为分析的结果进行改善和消除，从而从不安全行为发生的源头进行遏制事故的发生，减少人为因素在煤矿安全生产中引起安全事故的概率。所以，可以根据前文介绍，在 ABC 分析的基础上建立煤矿工人不安全行为改善模型，如图 5.1 所示。

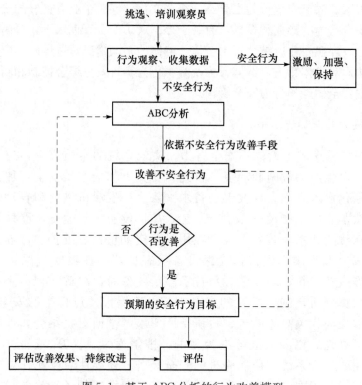

图 5.1　基于 ABC 分析的行为改善模型

5.3　基于 ABC 分析结果的 BBS 预控管理

5.3.1　基于 BBS 管理的预控原理

行为安全（behavior based safety，BBS）管理建立在安全心理学和安全行为学理论的基础上，通过科学的、循序渐进的引导，使目标行为得到纠正并持续固化。它能纠正煤矿工人的违章行为，培养煤矿特种作业人员的安全意识和行为，从而创造良好的企业安全文化，改善煤矿整体的安全生产环境。BBS 管理以 ABC 分析模型作为核心理论，假设所有安全或不安全的行为都是由其他行为作为前因诱导而发生的，而该行为的发生又可以通过作为后果的其他行为激励或阻止其再次发生。

BBS 管理是实现煤矿安全预控管理的重要手段，通过调节井下作业人员的主观意识，使员工主动参与预控管理，提升员工的主观反应能力与安全应急能力，使其主动选择安全工作的方式，从而使企业达到安全生产水平的标准。事实上，BBS 管理是一种事前控制的手段，操作人员之所以产生不安全行为，与其在事故发生前缺乏对行使不安全行为造成后果的恐惧感有很大关联。适当的恐惧感能够刺激员工安全工作，如果煤矿工人违章操作而没有发生事故，恐惧感会逐渐减少，致使其对规章制度产生错误认知，很可能马虎大意酿成事故悲剧，最终造成人员伤亡。运用 BBS 管理就是要主动对煤矿工人的不安全行为进行矫正，使其对严重后果有足够的认识，自觉纠正自身行为，从而循序渐进地改变不良习惯，尽可能保证行为的安全。

BBS 管理的关键是纠正不安全行为，这里的行为是指可观察的行为。同时，BBS 管理不是简单的行为纠正和任务完成，它的重点是对安全行为的持续保持，通过不断的效果评估，不断的行为改进，达到满意的安全水准。因此，在 BBS 管理过程中，不仅要观察煤矿工人工作的状态，也要观察其工作的行为，关注其在作业过程中是否按照习惯行事，该习惯是否安全，如果不安全，原因何在。通过持续的纠正，煤矿工人的个人行为习惯会发生改变，形成安全的工作态度和正确的价值观。当班组所有成员都能自觉采取安全行为时，班组就会形成一种安全氛围，大家共同养成安全习惯，从而使煤矿整体的安全水平得到提升。

图 5.2 简单描述了 BBS 管理的工作机制，主要过程如下。

（1）定义目标行为。与第 3 章和第 4 章的方法相结合，找出作业过程中需要观察的行为，即权重最大的不安全关键行为，定义为目标行为。分析其产生的形式与原因，根据不同的工种制定相应行为安全观察表。

（2）行为观察。BBS 观察小组利用行为安全观察表进行现场观察，详细记录，及时发现各种可能发生的不安全行为，对观察结果进行反馈。

（3）行为干预。主要由 BBS 领导小组完成，关注点应是改变行为而不是事故本身。对不安全行为积极干预，同时对无违章操作的行为也要进行奖励。对观察中获得的信息认真分析总结，对不安全行为持续纠正。

（4）业绩评定。定期对观察到的信息进行评估以考察安全绩效。如果煤矿工人目标不安全行为并没有出现明显的改变，那么 BBS 领导小组应及时分析绩效没有提高的原因，修改策略，继续积极干预。

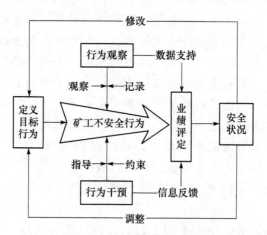

图 5.2　BBS 管理工作机制

由图 5.2 可以看出，BBS 管理是一个循环而持续的过程。定义目标行为是基础，行为观察是手段，行为干预是关键，业绩评定是结果，最终的目标是修正不安全行为，预防事故发生。

5.3.2　煤矿 BBS 管理的实施流程

由 BBS 管理理论可知，人的行为是可以被观察并被改变的，改变的过程需要引导与管理。BBS 管理正是通过改变人们的思维模式、日常习惯以及行为方式，使员工知晓后果的严重性，避免不安全行为再次发生。

在煤矿生产中，BBS 管理的核心目的是减少和避免不安全行为的发生，强化煤矿工人的安全行为，建立完善的 BBS 管理实施流程。在这样的预控管理模式下，煤矿工人可以参与到行为安全持续改进的策略制定过程中来，履行安全使命，承担自身安全责任，因此在行为改善以及环境提升后能获得更高的满足感与成就感。让管理人员、安检员和行为观察者从监督者转换为参与者的角色，进行工作面的交流和行为纠正，使作业人员达到"我要安全"的转换。BBS 领导小组需要从重点入手建立煤矿安全考核机制与激励机制，使员工形成习惯性的安全行为。煤矿 BBS 管理实施流程如图 5.3 所示。

1. BBS 前期准备阶段

1）建立煤矿 BBS 领导小组

BBS 领导小组的主要职责是统计分析行为安全观察表的数据，制定和维护管理程序，并对现场的执行情况进行监督管理。煤矿 BBS 领导小组应

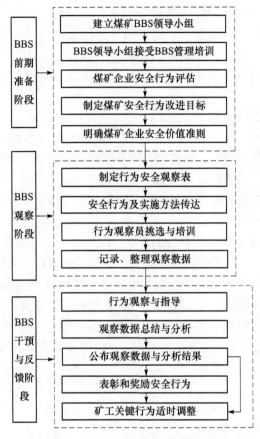

图 5.3　煤矿 BBS 管理实施流程

由煤矿主要负责人、安全生产矿级管理人员（生产矿长、通风矿长、安全矿长）、区队级管理人员以及特种作业人员代表组成。煤矿主要负责人的参与可以保证相关决策及制定的各项规章制度顺利执行，矿级管理人员按照煤矿规定进行管理，更有利于检查并排除井下违章行为及安全生产隐患，减少人员不安全行为，保证安全生产。

2）BBS 领导小组接受 BBS 管理培训

对建立的 BBS 领导小组必须进行 BBS 管理培训，使其知晓 BBS 管理实施流程、ABC 分析原理、现场观察方式与行为反馈等，从而对 BBS 管理实施中出现的问题做到及时的评估与解决。

3）煤矿企业安全行为评估

对影响安全行为的评估包括企业安全数据的核准、一线煤矿工人的访谈、工作现场的观察、ABC 分析模型的运用等。对煤矿事故中不安全行为的评估有利于煤矿安全管理工作实施展开，BBS 领导小组成员主动进行员工谈心、了解员工意见、讲解岗位职业危害，确定重大生产隐患和严重违章操作范围，进行培训需求分析，制订改善计划，为推行 BBS 管理改进工作奠定群众基础。

4）制定煤矿安全行为改进目标

以简洁明了性、可操作性、适应性、期限性为前提进行不安全行为改进。在具体目标的激励下，煤矿工人积极实现自我价值，操作过程中自觉提高工作效率，同时对班组其他成员的不安全行为给予提醒并帮助矫正。目标达成后，能建立起煤矿工人改进工作的成就感和自豪感，从而提升安全生产和行为安全管理水平。

5）明确煤矿企业安全价值准则

在风险预控中，正确的煤矿安全价值观应认为风险是可以控制的，安全水平也可以提高，重中之重在于人。煤矿企业应建立明确的安全价值准则，作为管理者与一线煤矿工人互相遵循与合作的标准，使煤矿工人认真学习并定期组织学员进行知识研讨，使他们对其充分理解。当出现不安全状态时，改变 ABC 中的前因 A，提高安全行为水平。事实证明，遵从安全价值准则的煤矿工人更容易避免安全事故。

2. BBS 观察阶段

1）制定行为安全观察表

制定行为安全观察表是为了明确煤矿工人的关键行为。BBS 观察小组成员需要深入煤矿生产系统了解井下作业环境，依据《煤矿安全规程》、员工守则、自然灾害防治办法、岗位责任制、警示教育、案例分析，以及各岗位作业人员"三违"行为的次数、频率、作业地点、工作时间、可能导致的危害程度确定各岗位的关键行为。行为观察不仅仅局限在现场，从班前会到升井的整个生产活动过程都需要观察。通过观察井下作业人员是否出现异常反应、安全防护用品是否正确佩戴使用、操作地点位置是否出现偏差、相关仪器仪表配备是否完好齐全、是否符合工效学原理、是否遵循岗位责任制和操作规程、井下作业环境是否安全等，以可度量、可控制、可观察作为标准为关键行为进行描述。在行为安全观察表的基础上设计行为观察流程说明书。行为安全观察表应明确井下作业人员关键行为排序，写明相关操作定义以及观察总结，一目了然、简单易携。观察表需要依据实际实时更新，不合理之处要及时修改完善。

　　2）安全行为及实施方法传达

　　把安全规章制度和具体操作方法有效地传达给全体员工非常重要。井下作业人员要明确安全行为相关规章制度以及操作规程和作业规程，严格按照 BBS 管理的要求进行作业。将安全行为评估与审核后的观察表和流程说明书发放至每一个作业人员，用于为其解答疑惑，每个班组负责对具体工作流程进行传达。班组长每个星期举办一次行为安全交流会，将员工组织起来学习交流，以便更好地理解安全行为的操作及规章制度。

　　3）行为观察员挑选与培训

　　在现场作业人员中挑选行为观察员时，责任心、领导能力、沟通能力和学习能力都是尤为重要的参考指标。培训时主要考察观察员是否能对行为观察表的内容做到准确理解，并使其仔细研究以便熟练使用，明确各工种不安全行为的表现形式；掌握行为沟通与现场干预的方法技巧；详细记录观察结果的方法等。安全行为观察员在操作中应严格遵守程序，认真完成工作。

　　4）记录、整理观察数据

　　观察小组记录、整理观察数据，主要包括安全行为与不安全行为出现的次数。这些数据将作为原始数据资料用于进一步分析关键安全行为。行为观察员将收集、整理的结论填入表中，填写行为安全观察表后交到观察小组。

　　3. BBS 干预与反馈阶段

　　1）行为观察与指导

　　作为观察员要遵守 BBS 管理的规定流程，当发现安全生产隐患影响生命健康安全以及环境安全时，应及时制止作业人员的违章操作，并对其进行警告和行为规范。随后行为观察员应了解作业人员违章行为的具体原因，指出其危害，并详尽地提出改变违章行为的方法。观察者在日常工作中应采取随机观察，使井下作业人员时刻保持一定的紧迫感，促进其行为改善。

　　2）观察数据总结与分析

　　管理人员应当定期分析观察表收集到的数据，进行数据统计与分类，得到不安全行为日渐变化的规律，由此得出不安全行为指数的变化规律。BBS 领导小组也应通过统计数据与趋势变化对不安全行为进行 ABC 分析，从而找到出现频繁的不安全行为，提出改变不安全行为前因或后果的合理建议，为不安全行为的预控提供管理依据。

3）公布观察数据与分析结果

煤矿的作业特点是每天都会开班前会，所以可以及时把收集来的观察数据以及每月的数据结果、分析报告传达给作业人员，这种实时数据传递可以保持参与人员的积极性。如果违章的作业人员在操作中没有意识到是观察表上所涵盖的内容，就无法及时而有效地改正其违章行为。实时传递作业信息在 ABC 模式中起到了及时修正的作用。

4）表彰和奖励安全行为

BBS 模式以正向激励为主要管理措施，当作业人员在操作时按照规章制度使违章行为得以改进时应给予及时奖励。当违章行为改进目标达到时，对所有避免类似违章行为的操作人员给予及时奖励措施，如班组奖励或经济奖励。通过表彰和鼓励这样的行为后果干预，使作业人员以更高的积极性投入 BBS 改进中，始终保持较高的积极参与性。

5）煤矿工人关键行为适时调整

行为安全观察表中的关键行为要适时调整，如果发现表中的某个行为可接受度很好，或者发现一种新的不安全行为频繁发生，那么 BBS 领导小组就应适时对表中内容做出调整。删除行为安全观察表中那些现已被广泛接受的行为，同时添加新发现的不安全行为，并及时将更新后的观察表发放给每一位观察员与煤矿工人。

5.4　不安全行为改善 BBS 模型的构建

人作为煤矿生产系统的主导因素，可以通过改变人的不安全意识，避免不安全行为的发生。由第 2 章的事故致因理论可知，切断事故发生的因果链，能够达到避免事故发生的目的。BBS 预控管理正是将人的不安全行为矫正放在关键的位置。煤矿井下作业空间狭小幽暗，生产环境复杂多变，对煤矿工人的生理和心理需求都有着严峻考验，如果不通过有效的干预和引导，很容易造成不安全行为的发生。如何激发煤矿工人的高层次需求潜能，使其克服经验主义等惰性，便是需要研究的问题。针对不同的行为原因、生产环境、事故隐患，行为改善方式也应能灵活应对。该不安全行为改善模型针对煤矿工人设计，位于 BBS 管理实施流程中的干预与反馈阶段，模型如图 5.4 所示。

主要步骤如下：

（1）行为确认。BBS 观察小组在现场观察行为时，要把煤矿工人行为的产生与当时的情景环境结合起来分析，找出影响当时不安全行为的关键因素。

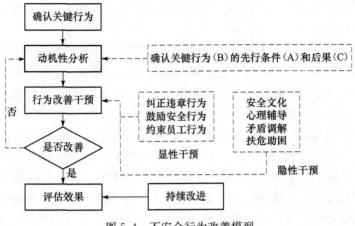

图 5.4 不安全行为改善模型

（2）动机分析。在对关键行为进行分析时，可以采用模拟现场等措施分析煤矿工人发生这种行为的动机，在 BBS 预控管理中，采用的是 ABC 分析法，明确煤矿工人不安全行为（B）发生的情景因素（先行条件 A）和产生的后果（C）。

（3）干预行为。对不安全行为进行有针对性的干预，具体可以结合情景与煤矿企业自身的特点，采用隐性或显性的手段对不安全行为进行干预。隐性手段包括安全文化、心理辅导、矛盾调解、扶危助困等，显性手段包括安全监察、激励奖惩等，以期减少和弱化各种不安全行为。

（4）目标评价。采用不安全行为改善模型对煤矿工人不安全行为进行改善之后，应检验效果是否与预期吻合，对比前后安全绩效水平，观察不安全行为是否真正被遏止。如果没有，则进行持续改进。

5.5 煤矿事故中不安全行为风险预控保障机制

1. 加强现场 BBS 管理，建立信息反馈系统

根据 BBS 调查结果，煤矿责任人应及时采取相应的管理和技术措施，并消除隐患，建立安全的行为观察和信息反馈系统。同时，以 ABC 分析法为核心，针对煤矿工人的不安全行为，按照行为改善模型进行管理。监控不安全行为，分析不安全行为的原因，制定消除不安全行为的有效措施。在 BBS 管理的实施流程中，及时与作业人员进行信息反馈与沟通是预控管理

体系的一个核心要素。对行为进行观察可以获得行为记录，对数据进行分析可掌握行为特性。

为了改变煤矿工人不利于安全生产的惯常行为，煤矿企业也可以有针对性地引进和应用一些特殊的拓展训练，增强反馈的效率。此外，对行为观察的结果要及时反馈，在班组会议、班前会议、信息公告栏以及每月的安全培训中都可以进行信息的及时沟通，以此促进员工积极纠正不安全行为。例如，班组组员可以每晚上下班前将 BBS 报告表格统一交给项目部，由安全监察部负责每周数据分类统计，并作出量化分析，安全监察部负责人每周在安全调度会议上对近一周的 BBS 结果分析进行通报，使每个现场负责人员能够了解到煤矿工人现场行为安全动态，及时按要求做好安全保障措施，有重点地改进安全督查工作。安全监察部负责人每周召开 BBS 管理组长会议，与各小组积极沟通，以持续改进 BBS 管理工作。

2. 建立健全 BBS 考核体系，完善激励制度

目前煤矿企业在安全绩效考核方面存在流于形式、重结果轻过程、缺乏考核依据、缺少与煤矿工人的沟通交流、不广泛听取煤矿工人意见等问题。在实施 BBS 预控管理过程中，一方面要适当增加正激励，利用经济激励、荣誉激励等激励对策提高员工的工作积极性；另一方面完善考核机制，对员工安全绩效的考核坚持公开、公正、公平的原则，做到人人平等，一视同仁。这样才能从真正意义上起到 BBS 管理改善的作用，煤矿工人在物质与精神激励下，才能更自觉地纠正自身错误行为，才能真正将企业利益与自身利益融合在一起。

针对煤矿从业人员的个人需要，设计煤矿安全激励机制，确立行为规范和分配制度，以实现人岗匹配的最优配置。BBS 监察员作为煤矿安全监管的重要角色，煤矿可以对实现全年无违章的监察员给予重奖，奖励金额和消除事故隐患的经济价值正相关；对实现全年减少或降低事故发生的监管员给予安全奖；对安全监察成效突出的监察员给予评先评优等荣誉；对麻痹松懈、未有效监管酿成安全事故的监察员要扣除奖金，追究责任。

3. 加强安全教育和培训，营造煤矿安全文化

安全教育和培训的质量决定着煤矿工人安全知识水平和安全操作技能的高低，因此对煤矿工人的安全教育和培训是把好"人关"的关键。现行的安全生产教育和培训有一定局限性，为了避免不安全行为的反复发生，一方面

要重视培训结果，另一方面要从煤矿工人的实际情况出发，按需施教，学以致用，从而使煤矿工人在短时间内掌握工作中需要的安全知识和技能，提高安全培训的效率。

良好的安全文化氛围能提升 BBS 管理水平。煤炭企业的安全文化理念为：以人为本，遵章守纪，生命至上，安全为天。营造煤炭企业安全文化是一个漫长而循序渐进的过程，不能单纯依靠对井下作业人员的违章行为采取经济上的处罚甚至解除劳动关系，而应该注重培养员工的主人翁责任感，重视领导者的示范作用，正视企业内存在的非正式群体，同时定期举办文娱活动，丰富员工生活，减轻工作压力。以引导和奖励相结合的措施来减少违章行为反复发生的情况，让煤矿工人从心理上达到"我要安全"的安全理念，在良好的安全文化氛围中实现 BBS 预控管理的安全和经济目标。

4. 落实 BBS 监管，形成长效机制

煤矿安全监察体制需要改革，而 BBS 管理正是以"观察—纠正—再观察—再纠正"的思维方式，形成了一种长效机制，逐步纠正煤矿工人不安全行为，进行持续的完善、改进和管理实践。

在煤矿安全监察体制改革的基础上，煤矿安全监察运行机制也同时要有创新：一是健全监察体系，找出一套切实可行的方法实现对煤矿全方位、全员、全过程的监察；二是完善监察途径，不断总结经验教训，改善监督途径，保障煤矿企业有效运行；三是规范处罚，处罚要严格按照程序进行，不得包庇瞒报，不得只罚不治理；四是实行动态监察，实施过程中要加大执法力度，杜绝形式主义，将重点放在日常监管，排除隐患，最大限度地保障安全生产。

第 6 章 实 例 研 究

6.1 王庄煤矿简介

山西省潞安集团王庄煤矿建成投产于 1966 年 12 月，位于山西省长治市北郊，距市中心约 30km，地跨长治市郊区和屯留县两个县区，该地区资源丰富，国有、乡镇企业星罗棋布，素有长治市"工业金三角"的美称。井田位于沁水煤田东部边缘中段，主要包括现在生产的 740 水平、630 水平以及正在规划的 540 水平，总面积 79.68km²。井田东部以中村、上葛家庄及西沟村的边线与石圪节为界，南部以二岗山断层为界，西部以东经 113°02′09″与常村矿井田为界，北部大致以北纬 36°22′11″与漳村矿为界，王庄新井圈定在安昌断层与二岗山断层之间。矿区有一条铁路专用线至长北站 13km，与太焦线、邯长线连接，距焦作市 220km；长太高速公路、208 国道南北穿过井田，距太原市 200km；309 国道及长邯高速公路东西穿过井田，距邯郸市 180km，铁路公路互连成网，交通十分便利。

矿井原设计能力为 90 万 t，经过两次改扩建和生产系统改造，目前，核定生产能力达 710 万 t，现有员工达 8000 多人。拥有两支年生产能力达 600 万 t 的高效综采队、两支年单进水平达 12000m 的高效综掘队，是质量、环境、职业健康安全体系认证企业，属全国首批"现代化矿井"、"高产高效矿井"、"部特级高产高效矿井"。一贯以高技术、高效率、高效益而闻名全国，生产技术先进，目前采用的主要采煤技术手段——综采放顶煤技术，在国际上趋于领先水平；全员工效率是全国平均水平的 10 倍，在全国同行业名列前茅。王庄煤矿始终走自主创新、科技强矿、集约高效、安全发展之路，各项经济技术指标在全国同类型矿井中始终保持领先水平。一直被誉为"中国煤炭战线的一盏明灯"、"矿井现代化建设的排头兵"、"中国煤矿全面发展的典范"和"中国煤炭工业品牌矿"。王庄煤矿早已成为潞安的品牌、山西的骄傲、中国煤炭工业的一面旗帜。

6.2　煤矿作业体系当前状态评价

根据第 4 章对王庄煤矿 120 人进行心理行为测量的结果，通过对回收回来的 118 份调查问卷进行整理分析，统计各个二级指标的每个回答选项所占的比例，得到煤矿工人的作业现状统计表如表 6.1 所示。

表 6.1　王庄煤矿工人的作业现状统计表

不安全行为影响因素	项目情况选项	1. 全无	2. 较轻	3. 中等程度	4. 偏重	5. 严重
人员的安全性	人员选拔	7%	18%	21%	48%	6%
	岗位调配	9%	20%	27%	32%	12%
组织管理的安全性	安全文化	10%	16%	54%	15%	5%
	培训教育	5%	12%	66%	13%	4%
	安全管理	7%	80%	6%	6%	1%
人-机-环境的安全性	人机分配合理性	0.9%	1.1%	4%	90%	4%
	人员操作安全性	4%	7%	13%	68%	8%
	机器设备可靠性	9%	19%	42%	20%	10%

根据表 6.1 所示的统计结果，可以根据每个题目的各个选项的得分情况判断该题目回答者的安全状况，进一步根据此类题目的选项结果衡量某一指标的安全状态。同时，根据这一指标的安全状态的百分比再加上专家和相关专业人士的参考确定指标直接的权重比例，最终得到评价指标的相关信息如表 6.2 所示。

表 6.2　评价指标相关信息表

一级指标	权重	二级指标	权重	非常安全	比较安全	一般安全	比较危险	非常危险	评价灰度
人员的安全性	0.26	人员选拔	0.60	—	—	—	√	—	0.3
		岗位调配	0.40	—	—	—	√	—	0.2
组织管理的安全性	0.33	安全文化	0.27	—	—	√	—	—	0.2
		培训教育	0.33	—	—	√	—	—	0.2
		安全管理	0.40	—	√	—	—	—	0.3
人-机-环境的安全性	0.41	人机分配合理性	0.45	—	—	—	√	—	0.3
		人员操作安全性	0.34	—	—	—	√	—	0.2
		机器设备可靠性	0.21	—	—	√	—	—	0.1

由表 6.2 可知，$\underset{\otimes}{\tilde{A}}=[(0.26，0)，(0.33，0)，(0.41，0)]$并且相应的二级指标的权重集 $\underset{\otimes 1}{\tilde{A}}=[(0.60，0)，(0.40，0)]$，$\underset{\otimes 2}{\tilde{A}}=[(0.27，0)，(0.33，0)，(0.40，0)]$，$\underset{\otimes 3}{\tilde{A}}=[(0.45，0)，(0.34，0)，(0.21，0)]$。

6.2.1　一级评价

评价的目的是评价煤矿工人行为作业体系的安全性状况，进而对不安全的行为运用 ABC 分析法进行改善和标准化，因此可以设评语集为 $V=\{$非常安全，比较安全，一般安全，比较危险，非常危险$\}$，而相应的因素集则是由煤矿工人不安全行为和心理的影响因素构成的，前面在编制调查问卷时已经确定了相关的因素集合，可以大致划分为三个因素，即因素集 $U=\{$人的安全性，组织管理的安全性，人-机-环境的安全性$\}$。所以，可以首先得到各个因素的评价集合，也就是综合评价的一级评价。根据公式可得

$$\underset{\otimes i}{\tilde{B}}=\underset{\otimes i}{\tilde{A}}\circ\underset{\otimes i}{\tilde{R}}=[(b_j,v_{bj})]_5=\left[\left(\sum_{k=1}^m a_k\cdot\mu_{kj}\right),\prod_{k=1}^m(1\wedge(v_k(a_k)+v_{kj}))\right]$$

$$(6.1)$$

所以

$$\underset{\otimes 1}{\tilde{B}}=[(0.60,0),(0.40,0)]\begin{bmatrix}(0,1)&(0,1)&(0,1)&(1,0.3)&(0,1)\\(0,1)&(0,1)&(0,1)&(1,0.2)&(0,1)\end{bmatrix}$$

$$=[(0,1),(0,1),(0,1),(1,0.06),(0,1)]$$

同理可得

$$\underset{\otimes 2}{\tilde{B}}=[(0.27,0),(0.33,0),(0.40,0)]\begin{bmatrix}(0,1)&(0,1)&(1,0.2)&(0,1)&(0,1)\\(0,1)&(0,1)&(1,0.2)&(0,1)&(0,1)\\(0,1)&(1,0.3)&(0,1)&(0,1)&(0,1)\end{bmatrix}$$

$$=[(0,1),(0.4,0.3),(0.6,0.04),(0,1),(0,1)]$$

$$\underset{\otimes 3}{\tilde{B}}=[(0.45,0),(0.34,0),(0.21,0)]\begin{bmatrix}(0,1)&(0,1)&(0,1)&(1,0.3)&(0,1)\\(0,1)&(0,1)&(0,1)&(1,0.2)&(0,1)\\(0,1)&(1,0.3)&(1,0.1)&(0,1)&(0,1)\end{bmatrix}$$

$$=[(0,1),(0,1),(0.21,0.1),(0.79,0.06),(0,1)]$$

6.2.2　综合评价

由公式 $\underset{\otimes}{\tilde{R}}=[\underset{\otimes 1}{\tilde{B}}，\underset{\otimes 2}{\tilde{B}}，\cdots，\underset{\otimes i}{\tilde{B}}]^{\mathrm{T}}$ 可得

$$\widetilde{R} = \begin{bmatrix} (0,1) & (0,1) & (0,1) & (1,0.06) & (0,1) \\ (0,1) & (0.4,0.3) & (0.6,0.04) & (0,1) & (0,1) \\ (0,1) & (0,1) & (0.21,0.1) & (0.79,0.06) & (0,1) \end{bmatrix}$$

所以，可得综合评价结果为

$$\begin{aligned} \widetilde{B} &= \widetilde{A} \circ \widetilde{R} \\ &= [(0.26,0),\ (0.33,0),\ (0.41,0)] \\ &\quad \times \begin{bmatrix} (0,1) & (0,1) & (0,1) & (1,0.06) & (0,1) \\ (0,1) & (0.4,0.3) & (0.6,0.04) & (0,1) & (0,1) \\ (0,1) & (0,1) & (0.21,0.1) & (0.79,0.06) & (0,1) \end{bmatrix} \\ &= [(0,1),\ (0.132,0.3),\ (0.2841,0.004),\ (0.5839,0.0036),\ (0,1)] \end{aligned}$$

　　根据隶属度最大并且还要兼顾灰色度最小的原则，结合相应的项目评语集合，可以很明显地得到灰色模糊综合评价结果为：王庄煤矿工人的行为作业体系在当前状态下是以 0.0036 的灰度处于"比较危险"的状态，需要及时找到不安全行为作业的原因，并尽快加以改善和消除。

6.3　王庄煤矿工人不安全行为的 ABC 分析

　　通过前文的评价结果可知，王庄煤矿工人的日常工作作业体系处于比较危险的状态，首先必须进行现场观察，找出不安全行为的表现或者是产生的不安全结果，然后探究这些不安全行为产生的根本原因，并加以改善和消除，最终建立起安全的煤矿工人行为作业体系。

6.3.1　现场观察

　　在 5.1 节的基础上选拔出合适的人员，成立 ABC 观察小组进行现场观察，并不断与现场的煤矿工人进行交流和沟通，按要求填写不安全行为以及不安全结果的记录表。

6.3.2　观察结果的整理和分析

　　经过对作业现场进行全面的观察调查以后，得到了大量的行为观察登记表，集合所有的 ABC 观察小组成员和相关方面的专家，对这些不安全行为的本质原因进行考究和分类整理，最终整理出了一部分具有代表性的观察结果，如表 6.3 所示。

表 6.3　　不安全行为统计表

编号	不安全行为表现或结果	原因	根本原因归类
1	面部通红, 行动恍惚	酗酒, 再加上有疾病, 人员选拔时没有注意	人员的不安全性
2	过度紧张, 失误不断, 不能得心应手地保障安全	不适合自己的岗位, 长时间的练习仍然无法胜任自己的工作	
3	安全责任心不强, 安全意识不高	没有从心理上融入煤矿企业, 没有被本企业的文化感染和熏陶	组织管理体系的不安全性
4	业务不熟练, 对安全的认识不够清晰明确, 安全隐患的规避防范意识不强	企业的岗前培训没有到位, 规章制度和安全教育不到位	
5	残次品过高, 且返修成功率不高	质量要求不明确, 没有统一的质量标准	
6	积极性不高, 带有情绪作业	企业的奖惩制度不合理, 没有起到激励的作用, 也没有坚持公平的原则	
7	心不在焉, 愁容满面, 经常旷工	家庭困难得不到解决, 基本的社会保障得不到落实	
8	上岗作业不佩戴安全防护用具和劳保用品	职业健康管理体系不够完善, 缺乏相应的职业健康宣传和教育	
9	擅自进入危险区域, 未能及时告知第三者危险源	作业现场的危险预警机制不够完善, 不能很好地对危险源进行识别和警告	
10	时忙时闲, 作业强度分布不均, 工人经常穿插多个设备间作业	人员和设备分配不合理, 不能实现完美的人机和谐	人-机-环境的不安全性
11	使用设备的速度和频率不正确, 未经允许对使用中的设备进行保养和服务, 人员经常离开, 使设备处于危险状态	没有正确的设备使用和操作方式做指导, 也缺乏相应的标准作业方法	
12	设备停机和故障率较高, 并且配套的防护措施不到位, 经常伤人	设备本身存在着很大的隐患和不确定性	

6.3.3　基于分析结果改善行为作业体系

根据现场观察和沟通获得的信息结果, 再结合第 3 章的煤矿工人安全行为作业体系的构建方法, 对王庄煤矿的不安全行为的观察实例进行抽样研究, 进行极具针对性的改善。目的是描述 ABC 分析法在构建煤矿工人安全行为作业体系中的具体应用, 并对作业体系进行相应的改善, 最终使王庄煤矿行为作业体系的综合水平处于安全状态。

（1）不安全行为 1 和 2 总体表现为人员的不安全性，具体分为人员选拔的不安全性，选择的工人生活习惯不好，经常酗酒熬夜，应该严格规定安全人员的选拔要求，并在安全心理学、安全行为学以及组织行为学的理论指导下，结合相应的心理、行为测量工具，对预选工人进行岗位心理和性格特点测量，以此考核岗位的胜任能力；同时，在岗位调配的过程中要充分考虑岗位的需求，使所选人员的心理素质和知识技能适应岗位工作要求，并且细致周到地做好岗前培训的工作。让煤矿工人的个人气质和技能符合所从事的工作岗位要求，并且还能激发出创新才能。

（2）虽然在王庄煤矿观察到的不安全行为 3～9 都属于组织管理体系的不安全性，但是不安全行为 3 和 4 又侧重于安全文化建设和安全教育培训中存在的问题，而不安全行为 5～9 则是王庄煤矿内部安全管理中存在的多方面问题。所以，在王庄煤矿安全行为作业体系构建的过程中应当注意以下几点。

① 加强安全文化的建设，扩大包括物质文化、精神文化等的投入，加大安全文化的宣传教育力度，强调领导层的关心和带头引导作用，力争安全文化和安全教育深入每位员工的内心，形成一套完善的安全培训教育体系，培养出浓郁的安全文化活动氛围，形成一片全员安全的景象。

② 在安全管理方面：ⓐ制定统一的质量标准体系，明确质量要求和质量责任，并完善一系列质量保障体系和返修、维修方案。明确质量的考核与监管办法，降低维修率，同时提高返修成功率。ⓑ正确运用激励的手段，充分发挥激励的作用，在精神激励和物质激励的配合下，充分保证激励的公平性和合理性，奖惩一定要合乎情理并且轻重适中，尤其是领导层要下定决心保证公平性，通过引导扩大正向激励的作用，以免打消员工安全作业的积极性和产生消极抵抗情绪。ⓒ制定详细的煤矿安全管理办法，保障煤矿工人必须佩戴劳保产品，以及指导劳保产品的正确佩戴使用方法，同时根据工效学合理地设计和改进劳保产品，以使员工更加乐意接受和佩戴劳动防护工具，根据自身特点和内部机构设置建设职业安全健康管理体系，在不违背国家法律法规的前提下，制定详细的职业安全健康管理目标，明确各组织机构的职责。ⓓ加强煤矿预警系统的建设和管理，从危险的源头对可能发生危险的原因进行弱化、消除或者提前预警，采用科学的方法和信号对无法消除的危险源进行提前警告，并且设置隔离装置和防错装置，防止误入危险地区。ⓔ煤矿管理者要及时了解并发现煤矿工人日常生活中的心理和行为变化，建立完

善的社区组织和工会组织，解决员工的家庭困难和生活需求，尽最大努力解决员工关系的子女入学和就业问题；同时，领导要艺术性地处理员工之间的矛盾和摩擦，创造出安心和谐的工作环境。

（3）在王庄煤矿发现的不安全行为 10～12 属于人-机-环境不安全性的范畴，所以在王庄煤矿不安全现象的改善中应该：首先，最基本的是要保障机器的正常运转，定期对设备进行维修与保养，及时地更新和修理异常机器，防止故障和危险；其次，根据人机工程的相关理论和方法，合理地分配人员和机器，使人员和机器的工作时间处在合理的范畴之内，并且保证人和机器在功能上的完好匹配，在设备的布局上要充分考虑人因工程、工效学和物流工程等相关理论方法，对设备进行合理规划；再次，要制定标准的人员操作设备手册，指导工人安全正确地操作机器设备，不过度和错误地使用机器，保障人员操作的安全性，并且对机器中容易误伤人的地方进行改进，控制危险源，同时对作业场所中容易导致失误和危险的地方在系统工程理论的指导下进行消除或者改进，保障人员和设备都能安全有效地运作。

6.4　基于 ABC 分析结果的 BBS 管理

绝大多数的生产事故都是由人为因素造成的，加强安全生产中的人因管理，深入分析人的行为特征和状态，可以有效地消除事故隐患，降低或避免事故的发生。目前涉及的相关研究较多，但没有对各类人员的行为规范进行实证研究，影响了研究的深入。

煤矿最大的安全隐患就是人的安全意识和人的不安全行为。凡是发生的煤矿事故，绝大多数都是责任事故，与人的行为有关。解决这个问题，就需要在解决人的安全行为方面下工夫。作为国家特大型煤矿，王庄煤矿在安全生产管理中同样贯彻了这一精神。因此，王庄煤矿狠抓员工安全行为规范工作，并带来了明显回报。目前，王庄煤矿已经多年没再发生重伤和死亡事故，这是一个了不起的成绩，这一势头的持续需要进一步推进这一研究及其相关应用。目前，重视从业人员的行为特点，是煤矿安全管理需要重点关注的领域，对煤矿从业人员安全行为规范进行系统研究是一项很有意义的工作。基于人的行为具有可管理性、可观察性和可测量性的研究结论，本书设计了 BBS 管理模式（图 6.1），并应用于王庄煤矿，通过实践验证 BBS 管理模式的实用性。

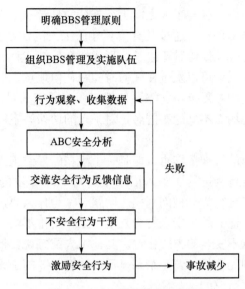

图 6.1　BBS 管理模式示意图

BBS 管理旨在改变工人的思维模式、习惯以及行为，并通过此管理模式使这些不安全行为不再发生。BBS 管理模式建立在 ABC 理论的基础上，前因是鼓励行为发生的人和事，在行为发生之前；行为是在思想支配下而表现出的外在活动；后果是行为之后导致的事件。

BBS 管理模式中，行为观察员对工人的日常作业行为进行观察，并通过及时沟通进行管理，工人的行为前后变化及影响已经被研究人员做了良好的文档记录。站在职业安全管理角度，Zohar 和 Luria 把行为观察描述为"杠杆"来改善工人的行为。研究结果表明，作业过程中行为观察的安全导向及与工人的互动，明显地提高了工人的安全行为和安全氛围分数。此外，行为观察结果将安全行为作为生产和安全的评定优先级的标准，这成为工人的安全行为的强大诱因，可直接改变工人的安全态度和行为。基于之前研究人员所做的工作，现将 BBS 管理应用于煤矿矿井工人的行为干预措施，目的是改善煤矿工人的行为安全，养成安全行为习惯，形成良好的安全氛围。实践表明，作业现场行为观察员与工人的关于安全日常口头交流对工人安全行为有着积极并且持久的作用。应充分利用基于持续性过程观察的行为干预的优势，设计特定的不安全行为干预方案，并应用于王庄煤矿作业现场安全管理，通过实践完善煤矿 BBS 管理流程。

现有的基于 BBS 管理的行为安全干预措施主要集中在日常口头交流及

反馈上，提倡行为观察员与工人之间进行充分的日常口头交流。行为观察员的安全行为导向作用评价是通过其直接领导的工人的访谈调查得分完成的，同时将工人表现得分反馈给其班组长，形成闭合反馈流程。作为一种非正式沟通，口头交流和反馈可以发生在任何时间和任何地点。但工人个人日常行为安全表现的测量相对复杂，它需要外部资源（研究人员或顾问）的参与。此外，由于调查现场做不到绝对匿名，对工人的访谈答案的失真会造成对领班评价的困难。

另外，不恰当的管理工作也可能是一个潜在的导致工人不安全行为的诱因。对工人不安全行为进行了深入因果关系调查，53 岁的采掘队工人在作业中被观察到不安全行为，被问到关键问题"你为什么要违规操作"时，大量的工人报告说，他们的不安全行为是由于工作安排不当，如果他们想完成任务，就不得不以不安全的方式作业。其他工人抱怨说，他们的队长根本不关心安全，他们别无选择。调查结果显示，约有 1/3 的工人的不安全行为是由管理或监督因素造成的。

约束-响应理论（the constraint-response theory）验证了以上现象，该理论表明，参与者在受到来自作业环境、其他参与者以及管理者不适当的约束时，可能会增加事故的风险。此外，组织结构中较高职位的人具有较为广泛的影响力，因此他们比职位较低的人更容易产生约束效应。职位较高的人通常缺乏对井下作业现场实时的、复杂多变的工作情况的了解，因此井下工人就可能会在不恰当的控制下工作，不安全的现场条件由上级不合理的工作安排造成。

因此，为了更有效地提高行为安全性能，BBS 管理方案的选择不仅应该把焦点放在提高工人的安全行为上，还应消除不适当的管理因素。基于BBS 管理的行为安全干预周期，包括班组长培训部分，旨在提高工人的安全意识，修改其不安全行为。

考虑到上述缺点，基于行为监管的干预周期设计需解决以下问题：①合理的行为安全目标的设定；②建立一个自上而下的测量机制；③建立一个自由行为的作业现场，即工人的行为不因观察员的存在受到影响。在王庄煤矿的实践中，对工人进行以安全为导向的培训由带班领导在下井前的会议上完成；班组长的安全导向影响力由出席会议的安全领导进行监管和评价。

6.4.1　试点 BBS 管理的可行性分析

只有当企业的其他 EHS（环境、健康、安全）管理体系都准备好时才能更好地进行行为安全流程，否则，当员工被问及为何进行不安全行为时，他们就会把原因归结为设备破旧、未经培训、管理混乱等。经过验证，王庄煤矿于 2002 年 9 月正式实施了 EHS 管理体系，经过十几年几代管理人员的努力，王庄煤矿正逐步实现安全管理与国际通行的现代安全、环境与健康管理模式接轨。王庄煤矿能够提供人员、资料、工作便利等条件，以及其在多年管理工作中积累的极为丰富的管理经验、手段和相关资料，并且在安全管理实践中取得了显著成效，得到了国内管理界高度评价，这些都为进行 BBS 管理提供了条件。

6.4.2　试点实施准备工作

1. 建立 BBS 领导小组

为保证 BBS 管理能高效、有力地在矿井安全管理中得到实施，煤矿正职领导必须参与 BBS 领导小组。王庄煤矿目前采用矿、队两级安全管理体系，队长、跟班干、班组长三级约束机制。王庄煤矿的 20％安全责任工资制度，提高了 BBS 管理模式推行的积极性。以企业正职领导（矿长）为核心组成的 BBS 领导小组是 BBS 管理的主要组织机构和实施机构。BBS 领导小组首先确立 BBS 管理指导思想，即激励代替惩罚、引导代替指责。企业安全价值观是指企业管理者和员工之间在安全方面相互合作的行为标准，正确的安全价值观是保证 BBS 管理实施有效性的基础。王庄煤矿秉承"安全可控，事在人为"的安全价值观，坚持事故可以通过不断修正不安全行为避免的观点，将 BBS 管理工作列为安全工作的重点行动起来。通过日常作业中的观察与沟通，帮助工人养成安全行为习惯，最终形成安全行为氛围。

2. 识别不安全行为，确定行为观察沟通表

在王庄煤矿确定不安全行为清单时做了以下工作：首先收集现场的不安全操作行为，然后由安全专业人员进行筛选分类；同时对 2006～2015 年的事故、事件进行分析，把导致事故的原因、员工受伤害的部位进行罗列；基于 2006 在王庄煤矿制定的《煤矿从业人员安全行为规范》，不安全行为均在其行为规范的工作分析、职务分析中有全面的调查研究，对工种不安全行为观察表的编制起到了很大的帮助作用。不安全行为是指人为地使系统产生故障或发生机能不良的事件，是一种违背设计或作业规程，极易造成安全隐患的错误行为。经过收集总结，人的不安全行为表现为人对系统信息的错误判

断而采取的错误行为，具体可以分为以下五种情况。

第一，操作过程中的不安全行为，这种失误包括以下内容。

（1）由于刺激过大或过小造成信息融合，不利于操作者区别、识别和辨别而造成的失误，其中主要包括：

① 感觉信息之间的信息重叠；

② 超过信息容量的必要信息传递率；

③ 信息过于复杂；

④ 蓄积的信息与运动方式发生重叠；

⑤ 操作与输出之比不当；

⑥ 信息反馈有缺陷。

（2）按错误的或不完全的信息操作机器而造成的不安全行为，包括：

① 训练不足，忽视特殊工种的培训，教育不充分以及再教育和重复训练不完善；

② 操作规程、说明书或检查表的程序失误，或省略了重要的操作规定；

③ 监督教育不足、不严，或监督者的误教育。

（3）物理的、空间的、化学的环境致使操作者行为效率降低。

（4）时间过于紧迫，使操作者过于紧张而造成失误。

第二，维修失误。维修失误是指人员在发现故障以后，在零件更换、调整或修理过程中所发生的失误及时间上的延误，这种不安全行为可能由下列因素造成：

（1）周围环境不良，空间狭小，不整洁，有高压电等不安全因素；

（2）维修用机具损坏或不足；

（3）采用不良的零件及移动零件时失误；

（4）检修失误、注油、检查、训练及监督上的不完善等。

第三，处理和搬运失误，移动过程中伴随有装置损坏、时间损失及人受伤害。

第四，保管上的失误，包括由于保管环境不良，温度、湿度不合适，超限保管以及定期保养不充分，保管记录不充分或有误等。

第五，系统计划的失误，操作系统的延误以及由于作业时间增加、身体负担过重以致系统的可靠性降低。

BBS 领导小组成员需要深入生产一线了解情况，依据煤矿安全生产的三大规程、岗位说明书、岗位手指口述手册、优秀员工的经验、事故调查报告，以及煤矿工人不安全行为的发生频率、潜在危害程度等确定各岗位的关键行为。煤矿工人关键行为不仅指工作现场的行为，也包括从下井到出井整个井下行为过程。确定各目标行为还可以从以下几个方面入手：煤矿工人的反应，位置是否正确，防护装备是否使用、是否完好齐备，工具和设备是否正确使用，是否遵循工作程序，是否符合工效学原则，工作场所安全与否等[16]。目标行为描述应符合以下几个准则：可度量、实际、可靠、可控制、可观察、特定。

根据确定的煤矿工人目标行为制定各岗位行为安全观察表，在此基础上设计行为观察流程说明书。行为安全观察表是实施观察的依据，必须易携带、一目了然，一般不超过一页纸，正面是煤矿工人的关键行为，背面是这些关键行为清晰的操作定义。观察表需要在实际情况中试用，以便修改不合理之处。

总结整理后形成观察与沟通报告表，以此明确每次观察的内容。值得注意的是，确定的不安全行为清单应该和具体的工作相对应，不安全行为清单的创立过程同时也是一项安全教育活动。

通过在王庄煤矿开展识别和讨论，将作业现场观察内容概括为以下七个方面：

(1) 员工的反应。员工在看到他们所在区域内有领导时，他们是否改变自己的行为（从不安全到安全）。员工在被观察时，有时会做出反应，如改变身体姿势、调整个人防护装备、改用正确工具、抓住扶手、系上安全带等，这些反应通常表明员工知道正确的作业方法，只是由于某种原因没有采用。

(2) 员工的位置。员工的位置是否有利于减少伤害发生的概率。

(3) 个人防护装备。员工使用的个人防护装备是否合适，是否正确使用，防护装备是否处于良好状态。

(4) 工具和设备。员工使用的工具是否合适，是否正确使用，工具是否处于良好状态，非标准工具是否获得批准。

(5) 程序。员工是否理解并遵守作业程序。

(6) 工效学。作业环境是否符合工效学原则。

(7) 整洁。作业地点是否整洁有序，是否有利于生产安全。

3. 挑选和培训行为观察员

在识别不行为过程中，还要对行为观察员进行挑选和培训。行为观察员必须对井下工作熟知，熟练掌握所观察工种的操作规范、安全细则；另外，行为观察员应选择有一定威望、对行为安全改进有责任心、沟通能力较好的安全监察人员或一线煤矿工人。行为观察员培训的主要内容有：①准确理解煤矿工人关键行为及行为安全观察表的使用，确保行为观察员清楚哪些行为是安全的，哪些行为不可接受；②沟通与干预的方法技巧；③观察结果的记录方法；④观察的程序。

6.4.3　行为观察实施阶段

王庄煤矿 BBS 管理观察以一周为一个行为干预周期，行为观察将安全观察与沟通、工作循环检查等融入了矿井生产日常安全管理，并梳理管理流程。①将每日（每班）安全管理分为班前检查、班前会、交接班、办理许可证、干部联系会、岗位巡检、交班前清理、班后总结 8 个流程；②将每周安全管理分为"四个一"活动、安全观察与沟通、周检查、周会议、信息公布 5 个流程；③将每月安全管理分为月度培训、月度工作循环检查、应急管理、月度考核、月度会议 5 个流程。

1. 制订观察计划，成立观察小组

安全观察与沟通有随机和计划两种形式，安全观察数据一般来源于计划性安全观察与沟通。考虑煤矿生产的特殊性，安全观察与沟通计划应覆盖所有区域和班次、不同的作业时间段，包括夜班作业、加班作业及节假日工作等。此外，不同岗位、不同区域的交叉安全观察与沟通也不能被忽略。王庄煤矿采用 24 小时三班倒制度，每个工种的行为观察员，每天也应分三班展开行为观察工作，由 BBS 领导小组授权成立 BBS 观察小组。计划性安全观察与沟通一般是以小组形式进行的，每个小组至少包含一名有直线领导关系的人员，如生产矿长、段队长、跟班干等。每个小组的人员通常限制在 2~3 人，有计划的安全观察与沟通不宜单人执行，随机的安全观察与沟通可由单人执行，具体见表 6.4。

表 6.4　王庄煤矿 BBS 观察小组及分管工种

队别	组数	各组人数	分管专业	具体负责工种
一分队	2	3	采煤	采煤机司机，支架移架工，推溜工，支架放煤工，端头端尾维护工，清煤工等 16 个工种
二分队	2	3	掘进开拓	掘进机司机，看机尾（转载皮带）工，锚杆工，掘进机检修工，局扇司机，运料工等 24 个工种
三分队	2	2	机电	压风机司机，主扇司机，绞车司机，主斜井给煤司机，四大件设备维护工，主皮带司机等 28 个工种
四分队	2	2	运输	测风工，风筒工，通风设施工，巷修工，通风木工，通风质量验收员，瓦斯检查员等 14 个工种
五分队	2	2	一通三防	斜井把钩工，斜井信号工，各种机车司机，地面充电工，机电维护工，地面钉道工等 34 个工种

2. 行为干预周期设计

在对煤矿工人进行行为观察的过程中，要对其不安全行为进行干预。图 6.2 为基于行为观察的行为干预流程图，其包括三个步骤：①反馈、目标设定和培训带班队长（也可以是组长、跟班干）；②培训工人；③观察和交流干预。确保一个自上而下的机制，BBS 领导小组主要领导，即矿长或矿长助理、安全矿长、生产矿长必须亲自管理该流程，行为干预周期参与人员情况见表 6.5。每一步参与人员情况都在表中列出，每个周期的持续时间应根据特定项目的条件决定。一般来说，早期可以是一个或两个星期，当工作变得稳定时可以延长。在王庄煤矿对工人的行为干预中，周期设定为一周。不安全行为概率在明显降低的情况下趋于稳定时，可以在日后延长为三周、四周等，以降低干预的工作量。

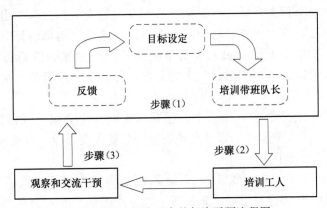

图 6.2　基于行为观察的行为干预流程图

表 6.5　行为干预周期参与人员

步骤	组织者	参与者	监督者
(1) 反馈、目标设定和培训带班队长	BBS 领导小组	安全员、带班队长、工人代表数人、行为观察员	正职领导（矿长或书记）
(2) 工人培训	带班队长	工人	矿长、生产矿长、安全矿长或其助理
(3) 观察和交流干预	行为观察员	工人	带班队长

每一步的细节描述如下。

（1）反馈、目标设定和培训带班队长。在每个干预周期内，反馈工人行为表现的分数都要在周期最后上报给矿长、安全矿长、负责安全的主要领导和队长。行为表现分数最终将成为工人个人或者队组福利发放或者晋升的标准，以此刺激工人的安全行为，进一步改善安全生产状况。安全行为反馈不仅仅是对个人行为的判定，个人反馈可能会消耗更多的人力和时间，因为工人在井下的移动是不规则的，观察必须通过一对一跟踪来完成。因此，对行为的反馈和跟踪目标定位为队组是一项节省时间、节约成本的策略。

提供反馈后，将安全矿长、队长及队组成员代表经过充分讨论确定可实现的分数，作为新周期的工作目标分数。目标的设定可以通过指导个人注意力、促进工作以及增加刺激来影响个人和团体的行为，防止不安全行为的发生。设定目标对改进关键行为已被证明是有效的。

步骤（1）的最后一个环节是对带班队长（或组长、跟班干）的培训，指导直接参与一线生产和监督管理工作的队长如何提高工人的安全行为，并最终实现安全行为目标。带班队长必须掌握处理生产过程中出现的不安全行为的方法，找出不安全行为的潜在原因。最后，培训教练（BBS 管理领导小组、安全专业研究员）要对带班队长的安全意识进行进一步的强化，指导队长进行进一步培训工人的工作，提供实际可行的方法来克服存在的问题。

以上提出的步骤（1）的三个流程要求在同一个会议上进行整合安排，矿长、生产矿长、安全矿长以及其他主管安全的主要领导应该出席会议并提供管理对安全的承诺。

（2）培训工人。在步骤（1）带班队长培训完成以后，就要进行带班队长对工人的安全行为培训。队长对一线生产的细节有更为深刻全面的理解，安全倡议要求在直接组织和从事生产的人当中生效，所以对工人的培训由直接领导的带班队长而不是安全矿长或者 BBS 领导小组完成。又因为随着管理层次的增加，管理控制会在层次叠加过程中削弱，井下带班队长培训工人的方式、力度及效果，就在这一步起到关键性的决定作用，而唯一的问题可能是队长安全意识不足、培训能力不足，而这个问题必须在步骤（1）得到解决，所以步骤（1）的带班队长培训环节要有严格的监管和考核。

步骤（2）的细节与步骤（1）类似。首先，上一个干预周期的行为表现得分要在这一周期干预的培训环节进行公布和分析，包括自己的分数和其他人都要与其他工人进行分析和比较；其次，队长根据自己的经验和步骤（1）中 BBS 管理提供的培训方式，尽量使工人明确意识到自己不安全行为可能造成的严重后果,鼓励其积极修正不安全行为习惯;再次,工人的表现得分目标分数已经在步骤(1)制定出来,带班队长要鼓励工人在增强安全意识的基础上完成这些既定的目标分数。

培训工人的安全意识建议在每日下井前的班前会议上进行。带班队长应在总结上一个周期不安全行为细节的基础上提醒工人在新的一个周期内要有针对性地改进安全行为,要求工人履行安全行为承诺。这样,培训工人就可以通过最小的努力获得最大的收益,安全行为通过一遍一遍地强调最终成为队长及其工人的潜意识,形成安全行为习惯。矿长、安全矿长、生产矿长或其助理最好能参加班前会,起到监督和补充指导作用。

(3)观察和交流干预。对工人的安全和不安全行为的记录及干预被排在干预周期的后期。在每一个周期内,行为观察员应该进行两轮的观察以确保记录的可靠性。行为观察员在工作面进行观察记录的工具为行为观察表,行为观察表要在步骤(1)经过严格补充和审核,在表格上标记为"安全"或"不安全"。每一轮的观察应覆盖所有现场工作区域。每一轮表现得分为前后两轮得分的平均值。

与工人交流与观察同时进行。当行为观察员发现工人有不安全行为时,应该用很友善的态度和语言与工人进行交流,指出不安全的行为和可能引起的严重后果,提出安全行为建议。如果有任何可能的机会,行为观察员与工人深入对话,找出不安全行为的原因。为了避免工人产生抵触及紧张情绪,行为观察员要始终保持友善的态度,始终记住观察交流的目的不是责备或惩罚,而是找到解决问题的方案。

行为观察员的观察记录和交流工作定期进行,一般每隔一两个班就进行一次。现场观察使用的行为观察表要在工作进行中根据实际情况进行补充。最后,观察和交流数据结果,主要的不安全行为反馈到下一个周期。

3. 行为观察现场实施

现场实施包括五个步骤:观察—沟通—表扬—启发—感谢。观察阶段,现场观察员工的行为,决定如何接近煤矿工人,并安全合理地阻止煤矿工人的不安全行为;沟通阶段,与煤矿工人讨论观察到的不安全行为、状态和可能产生的后果,就如何安全地工作与煤矿工人取得一致意见,鼓励煤矿工人讨论更为安全的工作方式,并取得煤矿工人的承诺;表扬阶段,对煤矿工人安全行为和积极改进不安全行为的态度进行表扬;启发阶段,引导煤矿工人讨论工作地点的其他安全问题;感谢阶段,对员工的配合表示感谢,该阶段是不能忽略的。表 6.6 和表 6.7 为一分队对爆破工进行行为观察所用的样表。

表 6.6　王庄煤矿 BBS 观察表正面（以爆破工为例）

类别	不安全行为
作业人员位置	□1. 领取炸药后中途逗留 □2. 发出起爆警戒信号后仍处在危险区 □3. 其他
个人防护装备	□1. 没戴安全帽 □2. 没带自救器 □3. 其他
工具和设备	□1. 装药时使用非安全材质棍棒推入药卷 □2. 手代替工具 □3. 爆破作业后，所用工具未妥善保管 □4. 其他
工作程序	□1. 炸药和电雷管没有分开放在专用材料箱内 □2. 反向爆破 □3. 爆破前未进行"一炮三检制" □4. 在爆破警戒距离不足的情况下放炮 □5. 放炮时不执行三人连锁放炮程序 □6. 装药前未清除炮眼内的煤粉或岩粉 □7. 采用明电、明火进行放炮 □8. 装填作业时猛填狠压 □9. 其他
作业地点	□1. 作业区域布局不合理 □2. 爆破工具、药品摆放位置不当 □3. 其他

表 6.7　王庄煤矿 BBS 观察表背面

采煤司机行为观察报告

观察区域：
被观察人所在班组（队）：
作业内容：
观察地点：
观察到的不安全行为描述：
观察时立刻纠正的行动：
鼓励安全行为继续发生的行动：
观察人：＿＿＿＿＿＿＿　　　观察时间：＿＿＿＿＿＿＿

要特别注意的是，在现场开展的沟通应是请教而非教导的方式，尊重煤矿工人的经验和技术，尤其是经验丰富的老矿工。与煤矿工人展开平等的、交心的交流讨论，尽可能在安全上取得共识，使煤矿工人主动接受安全的做法，而非迫于管理压力服从。尽量通过引导和启发使煤矿工人思考更多的安全问题，提高煤矿工人的安全意识和技能。

4. 数据统计分析

该阶段主要是提供安全行为分析的原始数据和资料，该过程涉及煤矿生产的各个环节，同时观察积累的各种行为数据，对实际情况进行客观的反映，进而选择可能影响安全行为观察和研究的重点。

统计分析的目的是通过分析共性问题，找到安全管理上的漏洞，如制度缺失、培训缺失、程序缺失、设备工具配置不合理等，从而提出有针对性的改进方案，为 BBS 领导小组提供决策依据。

作者进行了为期 12 周的 BBS 实践和 BBS 观察，其中资料准备的前 2 周为行为观察的基准期，其后的 8 周为实验期，最后 2 周为后续观察期。

研究对象为王庄煤矿 52 采区工作面的所有工种的员工，包括掘进队、运输队、机电队、运行队、调度中心工作人员、瓦检员、安全员等；观察过程覆盖整个班时，从下井前换工作服、清点安全设备开始，到上井后结束；观察方式采用定时观察交流方式，记录不安全行为并与煤矿工人进行交流修正其不安全行为，达成安全共识；整个实验过程为期一个月，每一周对不安全行为进行一次汇总，针对不安全行为探索其行为原因，对积极纠正不安全行为的工人予以物质奖励，或通报表扬。不安全行为干预对策的提出要建立在 ABC 分析的基础上。表 6.8 和表 6.9 为参加行为观察人员情况。

表 6.8 王庄煤矿 BBS 观察参加测评人员的基本情况

类别	人数	最小值	最大值	平均数	标准差
年龄	325	24	53	40.1912	7.0689
工龄	323	1	31	9.1279	7.5238
婚姻	323	0	1	0.735	—
学历	307	小学	大学	—	—
分组	324	—	—	—	—
有效人数	302	—	—	—	—

表 6.9　王庄煤矿 BBS 观察工种分布情况

工种	采煤	掘进开拓	机电	一通三防	运输	合计
人数	78	71	58	53	42	302

该阶段是提供安全行为分析的原始数据和资料。这个过程体现在对煤矿生产活动中工人的行为进行仔细观察，并涉及煤矿生产活动的各个方面。在这个过程中，指出工人的不安全行为，并促进和激励安全行为。同时，观察积累的各种行为数据，对实际情况进行客观的反映，进而选择可能影响安全行为观察和研究的重点。

BBS 观察小组组织行为观察员收集、记录观察数据（关键行为安全和不安全的次数、正面强化次数、干预与指导次数等），为安全行为统计、分析提供原始资料和数据。行为观察员需填写行为安全观察表。BBS 观察小组收集、整理观察表，将结果录入带有设定格式的 Excel 工作簿中，或用专门开发的数据软件进行统计分析，分析指标主要有以下四个。

（1）不安全行为类别对比分析。

（2）不安全行为趋势分析。

（3）计算不安全行为数量百分比。作业现场定期对不安全行为数量百分比进行统计，计算公式如下：

$$不安全行为数量百分比 = \frac{不安全行为数量}{安全行为数量 + 不安全行为数量} \times 100\% \qquad (6.2)$$

（4）计算单位时间不安全数量。作业现场通过统计定期累计观察的时间和观察到的不安全行为数量，可通过式（6.3）计算出单位时间不安全行为数量：

$$单位时间不安全行为数量 = \frac{不安全行为数量}{累计观察时间} \qquad (6.3)$$

注意，统计分析通常是由专职安全人员来完成的，目的是通过分析共性问题，找到管理上的漏洞，如培训缺失、程序缺失、设备工具配置不合理等，从而提出有针对性的改进方案，为 BBS 管理小组决策提供依据和参考。

1）对统计结果的总体分析

对该矿 BBS 观察小组的行为观察表进行统计分析。如图 6.3 所示，行为观察期为 12 周，前 2 周为 BBS 管理模式前矿井不安全行为数量的基准期，以采煤专业为例，安全绩效得分分别为 59.36% 和 58.98%；为期 8 周的实验期为有行为干预措施的时期，不安全行为概率得到了有效的降低，安

全绩效得分持续升高，实验期末安全绩效得分升为 86.65％和 92.16％；行
为干预撤销后，安全绩效仍保持 93.45％和 92.09％的水平，说明通过适当
的指导和帮助，现场人员能够很好地养成安全行为习惯。

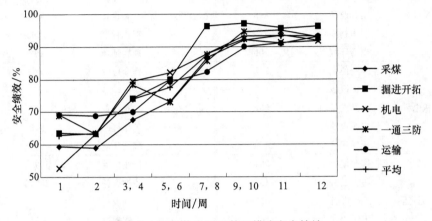

图 6.3　王庄煤矿 BBS 管理模式安全绩效

　　针对不安全行为的类别及其当事人的定位对后期评定队组安全团体绩
效以及有针对性地对某些不安全行为采取干预措施。以两周为一个周期对
所收集的行为观察表进行分类汇总，表 6.10 对第 3～12 周观察数据汇总
中各主要队组的主要不安全行为进行了罗列。由表 6.10 数据可知，各个
工种在工作程序上的不安全行为数量最多。以采煤机司机为例，《王庄煤
矿安全生产行为规范》要求采煤机司机进入岗位后，检查采煤机各部位喷
雾、螺栓、油位时，要闭锁大溜，人员不得进入煤墙。而大部分采煤机司
机都做不到班前对采煤机进行系统的检查，造成工作程序上的不安全行
为。矿井工作环境阴暗、潮湿、空气污浊，"一通三防"工作涉及许多精
密仪器的使用，要求测风员入井前必须根据任务带齐所用仪表、仪器、工
具等，并认真检查，保证设备完好无损、灵敏可靠，但在行为观察过程中
发现工人携带不精准仪器，是"一通三防"工具设备不安全行为的主要原
因。绞车房要严格执行《要害场所管理制度》的有关规定，严禁闲杂人员
进入机房，BBS 观察员发现上班时间绞车房有闲杂人员聊天，这是运输队
不安全行为的原因之一。根据不安全行为统计结果，王庄煤矿及时制定有
针对性的整改策略，杜绝不安全行为的发生，将事故的发生消除在萌芽
阶段。

表 6.10　王庄煤矿 BBS 观察周期内不安全行为汇总表

队组	行为类别	不安全行为总数	队组	行为类别	不安全行为总数
采煤队	作业位置	532	掘进开拓	作业位置	467
	防护设备	226		防护设备	278
	工具设备	498		工具设备	736
	工作程序	1023		工作程序	1265
	现场环境	205		现场环境	193
机电科	作业位置	213	运输科	作业位置	132
	防护设备	398		防护设备	352
	工具设备	562		工具设备	254
	工作程序	837		工作程序	563
	现场环境	173		现场环境	241
一通三防	作业位置	354	平均	作业位置	339.6
	防护设备	195		防护设备	289.8
	工具设备	305		工具设备	471.0
	工作程序	769		工作程序	891.4
	现场环境	327		现场环境	227.8

2）针对个体建立 ABC 分析档案

ABC 理论作为 BBS 管理中安全分析、行为干预对策建议提出的基础，在对行为安全管理的参与人员进行培训时，应将其纳为重点组织学习。通过 ABC 分析找出不安全行为动机，处以相应的干预策略。

（1）A 阶段的指令性介入。在行为发生前基于目的给出指令，该介入方法发生在目标行为前，目的在于使行为人将指令内在化，成为行为的动机。实验表明，特定的指令在一对一给出时更有效。

（2）B 阶段的支持性介入。习惯源于练习，个体安全行为习惯的养成也建立在持续不断的联系的基础上，并最终变成一个人自发的行为。但是要将枯燥冗长的练习坚持下来，且最终获得成功，很大程度来源于外界鼓励，即支持性的介入。支持性介入使行为人确信其正在做正确的事情，这是行为人保持安全行为的动力。

（3）C 阶段的激励性介入。激励性的介入发生在行为人明确知道该做什么，而不去做时。行为强化包括正强化和负强化两种方式，然而在要求行为人按一定规则和方式工作时，如在煤矿生产中要求安全行为，正强化比负强化更有效。如果正强化措施，如奖赏、报酬在行为发生以后尽快提供，其效果更加明显。要使目标行为启动并且改正员工个人的不良习惯，需要足够的外部影响，这就决定了激励性介入的挑战性。因此，激励性介入应在深入分析行为人需求心理的基础上，有针对性地给出。

该过程首先识别影响煤矿作业人员安全行为的社会因素和心理因素，提出研究假设；然后设计初始调查问卷，通过探索性因素分析和验证性因素分析确定正式问卷的维度结构；最后基于调查数据进行回归分析来检验研究假设，探索社会因素和心理因素对煤矿作业人员安全行为的影响作用，根据结果提出更有效的不安全行为干预措施。表 6.11 为行为观察员王某对掘进机司机张某的跟踪观察表。

表 6.11　张某安全行为观察表

安全行为观察评价报告		评价时间：2013 年 5 月 20 日	
姓名：张某	岗位：掘进机司机	部门：通风队	评价人：王某
行为类别	不安全行为记录	安全行为规范评价	总评
作业位置 4.5	张某各有两次因为擅自进入封闭巷道和在大巷行走不按规定携带工具，在安全检查中被安全检查人员视为"三违"记录并处罚	有部分行为不够规范，例如，在换好衣服后衣服袖口没扎好，领取矿灯和自救器后没有认真检查是否完好，列车行驶和尚未停稳时着急下车，通过风门后没有做到随手关闭，行走时跨越皮带不走人行过桥，进入作业地点检查情况后没有及时向值班室打电话汇报情况，行走时触摸沿途设备，这些不规范的行为不利于安全工作的要求	1. 安全行为规范总平均得分 4.2
2. 总体来看，张某的行为表现中有不利于煤矿安全工作的情况。以往对其中的某些行为缺乏规范，因此"三违"行为较多，磕磕碰碰事故时有发生，对行为规范进行管理后，虽然统计的违章情况有所增加，但是由于扩大了安全检查的范围，还是提高了他的遵章守纪意识，使其更加注意自己的行为
防护设备 3.9			
工作程序 3.8			
工具设备 4.6			
现场环境 4.2			

张某是一名年龄 46、工龄 15、只有小学文化的老矿工，在多年的矿井工作过程中，积累了丰富的生产经验。在与张某的交流过程中发现，张某从未经历过矿井事故，认为事故只是运气问题，经过分析，发现了张某不安全行为的原因。

第一，安全观念淡薄，不按客观规律办事。对安全工作认识不足，甚至产生抵触情绪，对安全工作持"讲起来重要，干起来次要，忙起来不要"的态度。虽然知道安全工作的重要性，但不重视安全，得过且过、麻痹大意，由于思想上认识差，行动上就会违反客观规律，也就容易发生事故。

第二，喜舒适，图省事，存在侥幸思想。由于事故的随机性，采用不安全行为时不一定都会出事故，而采用安全行为时要付出较高的代价，这就使其产生侥幸心理，因此，在实际工作中常有漏掉工序、偷工减料等现象，因此易发生事故。

针对张某的情况，BBS 领导小组决定对其采取谈话模式，谈话组由张某的直接领导——掘进二一队队长王某、安全副矿长和心理专业研究员组成。经过心理干预，张某对安全行为有了新的认识。BBS 管理在这个过程中起到了发现不安全行为、遏制不安全行为、把事故的发生消除在萌芽阶段的作用。

6.4.4　BBS 管理实践研究建议

（1）实施单位的 BBS 管理可行性。只有当煤矿的制度、设备、培训、规程、系统都准备好时，才能更好地进行安全流程。否则，当煤矿工人被问及为何选择不安全行为时，他们就会把原因归结为设备破旧、培训不足、管理混乱等。王庄煤矿总体实现了各项安全配备措施，但对部分工作流程的细节培训不到位，导致 BBS 管理实践过程中部分工人合作困难。所以，不安全行为的预防是一个系统工程，需要煤矿所有生产、管理、配套部门共同协作努力。

（2）领导者的表率作用。领导的行为对员工的行为有很大的影响，为有效控制不安全行为，领导发现不安全行为时必须立即处理，并且要注重用词，而不是泛泛而谈。跟班领导和队长必须严格自律自己的行为，从班前会议开始到上井下班每一个细节都要规范自身的安全行为，起到对所有工人的表率作用。

（3）处理不安全行为的手段。对于安全行为，管理人员必须给出明确的指示，且各个阶层都保持一致：指令链要保持上下统一；对所有员工应一视同仁。这点要求不仅是 BBS 领导小组成员，而是所有有领导作用的人员对不安全行为的处理必须一致。

（4）正确、及时给出反馈。反馈应该尽力强调好的方面，而不是一味地注重错误的行为；反馈应该是相互交流的过程，给出反馈的人也应该听取被反馈者的建议；反馈应该是特定的而不是广泛的；反馈应该针对行为而不是针对个人。

（5）有效的沟通。有效的沟通应该是双向的，煤矿工人与上级是平等的沟通关系。BBS 管理流程一旦开始，很多问题将随之而来，如拙劣的设备设计、安全系统可靠性低、组织涣散等。煤矿工人将各种情况向上级反映后，领导层必须立即采取有效措施改进安全生产状况。

（6）合理的目标设定。BBS 管理的目标必须是现实可行的、适当的、有期限的。目标必须分级层层落实，下达给个人，号召个人针对那些可能引起事故的不安全行为采取一些积极的行动。另外，如每月检查频率、观察方式、行为干预的实施方式等目标的确定都必须切实可行。

（7）人在异常状态时，特别是当发生意外事件生命攸关之际，由于接受信息的瞬间十分紧张，只能将注意力集中于眼前的事物之一而无暇旁顾，所以会表现出与正常情况下不同的行为规律。例如，井下发生火灾、透水或瓦斯爆炸时，工人奔向安全出口或就地避难的行动中常发生失误使灾害扩大。因此，所有煤矿必须制订救灾计划与自救计划，并加强平时的模拟训练，进行实况演习。

（8）安全责任工资制。王庄煤矿采取的安全评分与工资直接挂钩措施，使得 BBS 管理的实施在广大工人及领导中获得了极大的支持。安全责任工资制，基于马斯洛的需求层次理论，采取适当的措施对安全行为绩效高的工人予以物质奖励，这在很大程度上提高了工人安全行为、安全作业的积极性。

（9）在王庄煤矿的 BBS 管理实践中，行为观察员大部分由安全员担任，安全员在从事煤矿安全检查的工作中获得了很丰富的安全经验，对井下各工种的安全操作也有比较全面的了解，所以为了方便工作，建议行为观察员与安全员在职务上进行组合。

参 考 文 献

[1] 孙林岩. 人因工程 [M]. 北京：中国科学技术出版社，2001.

[2] 王泰. 从人因失误论瓦斯爆炸事故的可预防性 [J]. 煤炭科学技术，2005，33 (5)：72-73.

[3] 陈红，祁慧，谭慧. 基于特征源与环境特征的中国煤矿重大事故研究 [J]. 中国安全科学学报，2005，15 (9)：33-38.

[4] 任玉辉. 煤矿员工不安全行为影响因素分析及预控研究 [D]. 北京：中国矿业大学，2014.

[5] 刘轶松. 安全管理中人的不安全行为的探讨 [J]. 西部探矿工程，2005,(6)：226-228.

[6] 曹庆仁. 浅析煤矿员工不安全行为的影响因素 [J]. 矿业安全与环保，2007，33 (6)：80-82.

[7] 周刚，程卫民，诸葛福民，等. 人因失误与人不安全行为相关原理的分析与探讨 [J]. 中国安全科学学报，2008，18 (3)：10-14.

[8] 全国注册安全工程师执业资格考试辅导教材编审委员会. 安全生产管理知识 [M]. 北京：煤炭工业出版社，2004.

[9] 周刚. 人的安全行为模式分析与评价研究 [D]. 青岛：山东科技大学，2006.

[10] 栗继祖. 矿山安全行为控制集成技术研究 [D]. 太原：太原理工大学，2010.

[11] 景国勋，孔留安，等. 矿山运输事故人-机-环境致因与控制 [M]. 北京：煤炭工业出版社，2006.

[12] 王萍. 煤矿瓦斯事故中不安全行为形成机理及研究 [D]. 太原：太原理工大学，2010.

[13] 李永怀，彭秦平. 安全系统工程 [M]. 北京：煤炭工业出版社，2008.

[14] 卢宝亮，王丰，等. 仓库安全管理与技术 [M]. 北京：中国物资出版社，2004.

[15] 傅贵，李宣东，李军. 事故的共性原因及其行为科学预防策略 [J]. 安全与环境学报，2005，5 (1)：80-83.

[16] 曹庆贵. 企业风险管理与监控预警技术研究 [M]. 北京：煤炭工业出版社，2006.

[17] 张贤凯，周劲松，陈春歌，等. 煤矿安全领域风险管理探讨 [J]. 矿业工程研究，2010，(5)：42-44.

[18] Paul P S, Maiti J. The role of behavioral factors on safety management in underground mines [J]. Safety Science, 2007, 45 (4)：449-471.

[19] Kunar B M, Bhattacherjee A, Chau N. Relationships of job hazards, lack of knowledge, alcohol use, health status and risk taking behavior to work injury of coal miners: A case-control study in India [J]. Journal of Occupational Health (English Edition), 2008, 50 (3): 236.

[20] Choudhry R M, Fang D. Why operatives engage in unsafe work behavior: Investigating factors on construction sites [J]. Safety Science, 2008, 46 (4): 566-584.

[21] Goncalves S M P, da Silva S A, Lima M L, et al. The impact of work accidents experience on causal attributions and worker behavior [J]. Safety Science, 2008, 46 (6): 992-1001.

[22] Morrow S L, McGonagle A K, Dove-Steinkamp M L, et al. Relationships between psychological safety climate facets and safety behavior in the rail industry: A dominance analysis [J]. Accident Analysis and Prevention, 2010, 42 (5): 1460-1467.

[23] Rowden P, Matthews G, Waston B, et al. The relative impact of work-related stress, life stress and driving environment stress on driving outcomes [J]. Accident Analysis and Prevention, 2011, 43 (4): 1332-1340.

[24] 刘超. 企业员工不安全行为影响因素分析及控制对策研究 [D]. 北京: 中国地质大学, 2010.

[25] 吴浩捷. 建设项目安全文化和行为安全的理论与实证研究 [D]. 北京: 清华大学, 2013.

[26] Geller E S. How to motivate behavior for lasting results [J]. Professional Safety, 1994, 39 (9): 18-24.

[27] Geller E S, Williams J H. Keys to Behavior Based Safety from Safety Performance Solutions [M]. Rockville: Government Institutes, 2001.

[28] Krause T R. Employee-driven Systems for Safe Behavioral and Statistical Methodologies [M]. New York: Van Nostrand Reinhold, 1995.

[29] Krause T R. The Behavior-based Safety Process: Managing Improvement for an Injury-Free Culture [M]. 2nd Ed. New York: Van Nostrand Reinhold, 1996.

[30] DePasquale J P, Geller E S. Critical success factors for behavior-safety: A study of 20 industy-wideapplications [J]. Journal of Safety Research, 1999, (30): 237-249.

[31] Grindle A C, Dickinson A M, Boettcher W. Behavioral safety research in manufacturing settings: A review of the literature [J]. Journal of Organizational Behavior Management, 2000, 20 (1): 29-69.

[32] Azaroff S, Austin B J. Does BBS work behavior-based safety and injury reduction: A survey of the evidence [J]. Professional Safety, 2000, 45 (7): 19-24.

[33] Philip K E, Geller S. Behavior analysis and environmental protection: Accom-

　　　　plishments and potential for more ［J］. Behavior and Social Issues，2004，(13)：
　　　　13-32.

［34］　Al-Hemoud A M，Al-Asfoor M M. A behavior based safety approach at a Kuwait
　　　　research institution ［J］. Journal of Safety Research，2006，37 (2)：201-206.

［35］　Dağdeviren M，Yüksel I. Developing a fuzzy analytic hierarchy process (AHP)
　　　　model for behavior-based safety management ［J］. Information Sciences，2008，
　　　　178 (6)：1717-1733.

［36］　Christian M S，Bradley-Geist J C，Wallace C，et al. Workplace safety：A meta-
　　　　analysis of the roles of person and situation factors ［J］. Journal of Applied Psy-
　　　　chology，2009，94 (5)：1103-1127.

［37］　Fogarty G J，Shaw A. Safety climate and the theory of planned behavior，towards
　　　　the prediction of unsafe behavior ［J］. Accident Analysis and Prevention，2010，
　　　　42 (5)：1455-1459.

［38］　Muthuveloo R，Abdul B F S，Ping T A. Attributes influencing the acceptance of
　　　　behavioral safety programs by employees of manufacturing firms in India ［J］.
　　　　Journal of Business Management，2012，6 (4)：1330-1337.

［39］　Olson R，Austin J. Behavior-based safety and working alone：The effects of a self-
　　　　monitoring package on the safe performance of bus operators ［J］. Journal of Or-
　　　　ganizational Behavior Management，2013，21 (3)：1244-1248.

［40］　马兰珍. 论 ABC 分析法在现代管理方法中的广泛运用 ［J］. 工业技术经济，
　　　　2000，9 (3)：48-49.

［41］　范广进. 行为分析方法及其在铁路运输安全管理中的应用研究 ［J］. 上海铁道科
　　　　技，2008，(4)：1-3.

［42］　赵淑梅，贾明涛. 基于行为安全模式的施工安全管理研究 ［J］. 建筑安全，2008，
　　　　(2)：41-43.

［43］　李元秀，田伟. 基于行为安全分析法的冶金企业铁路运输安全管理研究 ［J］. 铁
　　　　道货运，2009，(10)：39-41.

［44］　王哲，白云杰. 基于行为安全模式的煤矿安全管理研究 ［J］. 经济师，2010，
　　　　(3)：106.

［45］　徐伟东. 行为安全管理"八大误区" ［J］. 现代职业安全，2011，114 (2)：92-
　　　　95.

［46］　李乃文，季大奖. 行为安全管理在煤矿行为管理中的应用研究 ［J］. 中国安全科
　　　　学学报，2011，21 (12)：115-120.

［47］　贾明涛. 行为安全管理在施工中的应用分析 ［J］. 中国安全生产科学技术，2012，
　　　　7：169-173.

［48］　任玉辉，秦跃平. 行为安全理论在煤矿安全管理中的应用 ［J］. 煤炭工程，2012，

(11)：138-140.

[49] 徐卫东. 海洋石油工业员工不安全行为特征研究 [D]. 北京：中国地质大学，2013.

[50] 罗曼尼. 评估危险和安全的工伤事故分析法 [J]. 国外金属矿山，1993,（7）：57-60.

[51] 吴宗之，高进东，魏利军. 危险评价方法及其应用 [M]. 北京：冶金工业出版社，2001.

[52] 任建国. 安全评价在我国的发展历程 [J]. 劳动保护，2005,（4）：8-10.

[53] 许江. 矿山矿井安全评价内容及评价体系 [J]. 中国矿业大学学报，2005,（8）：11-14.

[54] 王英博，王禹，李仲学，等. 矿山安全标准体系评价模型 [J]. 辽宁工程技术大学（自然科学版），2008,（6）：817-820.

[55] 南宁，吴超，周科平. 大型矿山安全生产风险评价研究 [J]. 矿业研究与开发，2008,5：70-71，79.

[56] 张洪杰. 煤矿安全风险综合评价体系及应用研究 [D]. 北京：中国矿业大学，2010.

[57] 兰建义，周英. 基于层次分析-模糊综合评价的煤矿人因失误安全评价 [J]. 煤矿安全，2013,44（10）：222-225.

[58] 张孟春，方东平，佟瑞鹏. 脚手架工人低估不安全行为风险的研究 [J]. 中国安全科学学报，2011,21（8）：145-150.

[59] 王金凤，李冬梅，张同全. 风险评估在企业中的实践及探索——基于某煤业有限公司 A 煤矿的经验 [J]. 审计研究，2012,（4）：17.

[60] 高德立. 组合评价方法在煤矿安全风险评估中的应用 [J]. 计算机仿真，2012,29（2）：194-197.

[61] 孙旭东. 基于模糊信息的煤矿安全风险评价研究 [D]. 北京：中国矿业大学，2013.

[62] 谷昀. 基于模糊综合评判法的地铁施工风险评估研究 [D]. 北京：中国铁道科学研究院，2013.

[63] 范广进. 行为安全模式 [C]. 第九届京粤港沪铁道学会学术年会，北京，2005：167-170.

[64] 栗继祖，陈新国，撤动. ABC 分析法在煤矿安全管理中的应用研究 [J]. 中国安全科学学报，2014,24（7）：140-145.

[65] Reason J. Human Error [M]. Cambridge：Cambridge University Press，1990.

[66] 李乃文，牛莉霞. 矿工工作倦怠、不安全心理与不安全行为的结构模型 [J]. 中国心理卫生杂志，2010,24（3）：236-240.

[67] 田水承，郭彬彬，李树砖. 煤矿井下作业人员的工作压力个体因素与不安全行为

的关系 [J]. 煤矿安全, 2011, 42 (9): 189-192.

[68] 赵泓超. 基于生理-心理测量的矿工不安全行为实验研究 [D]. 西安: 西安科技大学, 2012.

[69] 殷文韬, 傅贵, 张苏, 等. 煤矿企业员工不安全行为影响因子分析研究 [J]. 中国安全科学学报, 2012, 22 (11): 150-155.

[70] 张孟春, 方东平. 建筑工人不安全行为产生的认知原因和管理措施 [J]. 土木工程学报, 2012, 45 (2): 297-305.

[71] 梁振东, 刘海滨. 个体特征因素对不安全行为影响的 SEM 研究 [J]. 中国安全科学学报, 2013, 23 (2): 27-33.

[72] 刘双跃, 江飞, 曲静媛. 煤矿中人员角色与不安全行为的动态灰色关联分析 [J]. 中国安全生产科学技术, 2013, 9 (3): 171-175.

[73] Li J Z, Li Y J, Liu X G. Development of a universal safety behavior management system for coal mine workers [J]. Iranian Journal of Public Health, 2015, 44 (6): 759-771.

[74] 桑志彪, 彭锟, 申霞, 等. 基于风险管理理论的煤矿事故研究: 人因风险因素探讨 [J]. 中国煤炭, 2014, 40 (9): 121-124.

[75] Wilson-Donnelly K A, Priest H A, Salas E, et al. The impact of organizational practices on safety in manufacturing: A review and reappraisal [J]. Human Factors and Ergonomics in Manufacturing and Service Industries, 2005, 15 (2): 133-176.

[76] Hsu S H, Lee C C, Wu M C, et al. A cross-cultural study of organizational factors on safety: Japanese vs. Taiwanese oil refinery plants [J]. Accident Analysis and Prevention, 2008, 40: 24-34.

[77] Kath L M, Marks K M, Ranney J. Safety climate dimensions, leader-member exchange, and organizational support as predictors of upward safety communication in a sample of rail industry workers [J]. Safety Science, 2010, 48 (5): 643-650.

[78] Lu C S, Yang C S. Safety leadership and safety behavior in container terminal operations [J]. Safety Science, 2010, 48 (2): 123-134.

[79] Leung M, Chan I Y S, Yu J. Preventing construction worker injury incidents through the management of personal stress and organizational stressors [J]. Accident Analysis and Prevention, 2012, (48): 156-166.

[80] 刘湘丽. 安全事故的人为因素与组织因素 [J]. 经济管理, 2008, 11 (22): 163-167.

[81] 张力, 宋洪涛, 王以群, 等. 复杂人-机系统中影响作业人员行为的组织因素 [J]. 工业工程, 2008, 11 (5): 6-11.

[82] 肖东生. 基于核电站安全的组织因素研究 [D]. 长沙: 中南大学, 2009.

[83] 曹庆仁，李凯，李静林. 管理者行为对矿工不安全行为的影响关系研究 [J]. 管理科学，2011，6：69-78.

[84] 张舒. 矿山企业管理者安全行为实证研究 [D]. 长沙：中南大学，2012.

[85] 梁振东. 组织及环境因素对员工不安全行为影响的 SEM 研究 [J]. 中国安全科学学报，2012，11：16-22.

[86] 林文闻，黄淑萍. 基于贝叶斯网络的组织因素对船员疲劳的影响分析 [J]. 中国安全科学学报，2013，23（6）：26-31.

[87] Wagenaar W A. A model-based analysis of automation problems [C]. IEEE International Symposium on Phased Array System and Technology，1996：81-86.

[88] Papadopoulos G，Georgiadou P，Papazoglou C，et al. Occupational and public health and safety in a changing work environment：An integrated approach for risk assessment and prevention [J]. Safety Science，2010，48（8）：943-949.

[89] Fugas C S，Silva S A，Meliá J L. Another look at safety climate and safety behavior：Deepening the cognitive and social mediator mechanisms [J]. Accident Analysis and Prevention，2012，45（7）：468-477.

[90] 谢进伸. 采煤人机系统产生不安全行为因素的分析 [J]. 劳动保护科学技术，1994，14（3）：54-57.

[91] 张青山，张海漾. 人对人-机-环境系统效能的影响及其差错防范 [J]. 沈阳工业大学学报，2012，24（1）：70-72.

[92] 李创起. 煤矿掘进工作面复杂环境下人的安全行为模式研究 [D]. 焦作：河南理工大学，2012.

[93] 左红艳. 地下金属矿山开采安全机理辨析及灾害智能预测研究 [D]. 长沙：中南大学，2012.

[94] 段瑜. 基于事故根源的冶金企业员工安全行为能力测量与评估研究 [D]. 北京：中国地质大学，2014.

[95] 周全，方东平. 建筑业安全氛围对安全行为影响机理的实证研究 [J]. 土木工程学报，2009，11：129-132.

[96] 赵显. 企业安全氛围及其与员工行为的关系研究 [D]. 北京：中国矿业大学，2009.

[97] 何雄伟. 基于结构方程模型的核电站安全氛围对安全行为的影响研究 [D]. 衡阳：南华大学，2010.

[98] 邹晓波，毕默. 安全领导力、安全氛围与安全行为的典型相关分析——以重庆建筑企业为例 [J]. 重庆建筑，2012，11（7）：52-54.

[99] 吴建金，耿修林，傅贵. 基于中介效应法的安全氛围对员工安全行为的影响研究 [J]. 中国安全生产科学技术，2013，9（3）：80-86.

[100] 曹艳艳. 当代大学生心理素质现状分析及心理健康培养研究 [D]. 济南：山东

大学，2013.

[101] 栗继祖，康立勋. 煤矿安全从业人员心理测试指标体系研究 [J]. 安全与环境学报，2004，4（6）：77-79.

[102] 赵广金. 煤田地质钻探员工的可靠性因素测试及不安全行为的评估 [D]. 天津：天津大学，2012.

[103] 陈丽青. 煤矿安全培训机构应加强师资队伍建设——浅谈煤矿安全培训中存在的问题及解决思路 [J]. 职业，2011，3：66.

[104] 杨晓艳. 煤矿瓦斯事故中人的不安全行为研究 [D]. 淮南：安徽理工大学，2009.

[105] 曹崇厚，蔡世彦. 第三讲　噪声的危害及限制标准 [J]. 工程机械，1987，3：45-48.

附　　　录

附录 1　煤矿事故中不安全行为影响因素调查

尊敬的煤矿工作人员：

您好！为了做好本单位安全管理工作，希望您能根据您对煤矿事故中不安全行为的理解和您的工作生活阅历为下面的每个指标进行评分。评分标准为 5 级评分法，根据指标的符合程度评为 1、2、3、4、5 分，分别对应非常不符合、较不符合、符合、较符合、非常符合。请根据您自己的实际情况作答并在其相应的选项内打上"√"，真诚感谢您的理解与配合，祝您工作愉快！

不安全行为影响因素	1	2	3	4	5
1. 井下复杂的环境决定了事故发生无可避免					
2. 井下作业强度太大，我常感体力透支					
3. 我的身体状况对完成工作来说不是问题					
4. 我的性情很适合从事现在的工作					
5. 工资和各种福利使我愿意继续在这里工作					
6. 我很担心现在的工作环境会影响我的身体健康					
7. 井下机电设备更新都很及时					
8. 我熟悉工作的所有环节和要求					
9. 我在任何状况下都不会冒险作业					
10. 即使别人工作马虎，也不影响我认真工作					
11. 井下人机分配合理，现场秩序井然					
12. 井下幽闭、黑暗而嘈杂的环境常让我感到身心俱疲					
13. 与矿友合作经常有不愉快的经历					
14. 平安无事多亏了运气好					
15. 与其他煤矿相比，我们的工作环境还是较为满意的					
16. 机器设备都在正常使用年限中					
17. 我自身掌握的安全技能足以应对井下突发状况					
18. 我的安全知识水平影响了我的工作效率					

续表

不安全行为影响因素	1	2	3	4	5
19. 我认为安全习惯的养成至关重要					
20. 我比别人更容易觉察到事故的隐患					
21. 我所在集体的每个人都明确自己的职责					
22. 违章操作极易造成安全事故的发生					
23. 本矿现行的安全管理制度为高质量的工作提供了可能					
24. 单位的各项奖惩能公正地反映出员工的工作情况					
25. 我有机会向组织提出我正确的建议					
26. 如果我能得到更多提升或奖励，我会工作得更好					
27. 领导以身作则能极大激励我们安全工作					
28. 安全知识培训让我受益匪浅					
29. 我能感受到矿上浓浓的安全文化氛围					
30. 我的进步能够得到及时的认可					
31. 工作中经常搞不懂应该按谁的要求去做					
32. 管理层的盲目指挥给我带来了极大困扰					
33. 总做一件工作都让我感到心烦					
34. 我认为工作中没有别人的竞争我会干得更好					

注：1-非常不符合；2-较不符合；3-符合；4-较符合；5-非常符合。

请填写您的个人情况：年龄＿＿＿；工龄＿＿＿；婚姻状况＿＿＿；岗位＿＿＿；教育程度＿＿＿。

再次感谢您配合此次调查！

附录 2　煤矿工人不安全行为测量

尊敬的煤矿工作人员：

您好！为了有效保障您的生命财产安全，提升煤矿安全管理水平，预防人为事故发生，制定科学合理的措施，我们特编制该问卷对您的作业行为进行打分测量。恳请您能认真作答每一道题目，按照真实情况如实填写。以下是煤矿作业中的一些不安全行为，评分标准为 5 级评分法，根据指标的符合程度评为 1、2、3、4、5 分，分别对应风险高、风险较高、风险中、风险较低、风险低。请根据您自己的实际情况作答并在其相应的选项内打上"√"，真诚感谢您的理解与配合，祝您工作愉快！

不安全行为	1	2	3	4	5
1. 视力模糊，听力衰退，无法正常工作					
2. 作业过程马虎大意，心不在焉					
3. 不能辨别安全色与警示色					
4. 生活中的不顺心干扰工作状态					
5. 没有足够强大的心理素质应对井下突发状况					
6. 遭遇一点挫折或领导批评后久久无法平复					
7. 对其他人的违规操作熟视无睹					
8. 对管理层的盲目指挥不予指正					
9. 忽视安全规章制度，只按经验行事					
10. 经常莫名其妙地心烦意乱，无心工作					
11. 在对精密仪器操作时不以为意，毫不重视					
12. 跟风采取别人的违章操作行为					
13. 无视警告，冒险进入危险场所					
14. 过度饮酒，熬夜打游戏不休息					
15. 擅自离开工作岗位，玩忽职守					
16. 不按规定的程序操作					
17. 面对强光、粉尘、噪声等不利环境因素，不佩戴防护工具					
18. 不认真接受安全培训					
19. 逃避班前培训与技能考核					
20. 不执行"有疑必探"的原则					
21. 爱冒险、爱激进，但经常三分钟热度					

续表

不安全行为	1	2	3	4	5
22. 对其他工友的纠正不予理睬					
23. 因得不到相应奖励而在作业过程中敷衍了事					
24. 不熟悉机器的操作规程					
25. 嫌弃防护服不美观而不穿戴					
26. 长时间使用机器使其出现老化或故障					
27. 身体协调能力差，心理调节缓慢					
28. 高血压或低血糖，经常头晕耳鸣					
29. 面对艰难任务会紧张得发抖					
30. 把上面下达的指令当做耳旁风					
31. 蓄意破坏班组安全文化氛围，故意捣乱					
32. 记忆力差，背不熟安全行为规范					
33. 厌倦现在的工作，已经没有兴趣					
34. 工作能力不能够胜任现在的岗位					
35. 工作场所环境太差，直逼承受临界点					
36. 按照自己的一些不正确的操作习惯操纵机器设备					
37. 工作量过大导致经常疲劳作业					
38. 缺乏必要的安全知识及技能，或工作经验不足					
39. 周围的人都不重视安全操作					
40. 监管人员监管松懈					
41. 管理层制定的奖惩制度明显不合理					
42. 为了赶进度或图省事而违章操作					
43. 忽视安全法律法规和操作流程进行作业					
44. 对危险源没有足够的认知					
45. 领导从不关心下属的心理需求和日常生活					
46. 管理层对矿工的意见反馈不够重视					
47. 工友间合作经常出现矛盾和冲突					
48. 自我保护意识薄弱，麻痹大意					
49. 有人监管认真工作，无人监管则应付了事					
50. 谎报安全指标数据，隐瞒事故隐患					

注：1-风险高；2-风险较高；3-风险中；4-风险较低；5-风险低。

请填写您的个人情况：年龄＿＿＿；工龄＿＿＿；婚姻状况＿＿＿；岗位＿＿＿；教育程度＿＿＿。

再次感谢您配合此次调查！

附录 3　煤矿工人行为心理测验

尊敬的煤矿工作人员：

您好！为了有效地实施企业安全生产管理工作，预防生产过程中安全事故的发生，保护广大员工的生命财产安全，制定科学合理的安全改善措施，我们在公司领导的支持下，对煤矿工人行为和心理进行相关的研究，特编制了这份问卷。恳请您认真阅读每一道题目，并按照真实情况如实选择与自己相对应的指标。回答无所谓正确与错误，重要的是您的回答应尽可能完整和坦率。这个调查是不记名的，我们会对所有的数据和资料严格保密，不会对您产生任何不良影响。诚挚感谢您的配合和帮助！

以下是有关安全行为指标的描述，请根据您自己的实际情况作答并在其相应的选项内打上"√"。其中，1 代表全无；2 代表较轻；3 代表中等程度；4 代表偏重；5 代表严重。

不安全行为	1	2	3	4	5
1. 视力不好，不能看清仪器仪表					
2. 听力不好，不能听清楚现场指挥和设备的异常声音					
3. 作业过程中心不在焉					
4. 色盲，不能辨认安全色和警示色					
5. 遇到突发问题，紧张得大脑一片空白，不知所措					
6. 最近发生的事一直在我脑海中浮现，使我不能专心工作					
7. 违章作业后被领导批评，心情烦躁，情绪不稳定					
8. 别人违章都没出事故，我违章一次也没事					
9. 看见别人冒险作业，我也一起					
10. 遵守规章制度太麻烦，怎么方便怎么操作					
11. 偶尔一次违章不会被发现的					
12. 经常莫名其妙地心情烦躁，对工作没兴趣					
13. 无视警告，冒险进入危险场所					
14. 煤矿中事故是不能避免的					
15. 过度饮酒					
16. 擅自离开工作岗位，玩忽职守					
17. 明知有事故隐患还视而不见					
18. 不执行"有疑必探"的原则					
19. 不按规定的程序操作					

续表

不安全行为	1	2	3	4	5
20. 无上岗前培训或很少					
21. 班前培训没必要，浪费时间和影响工作进度					
22. 遵章作业不会受到奖励					
23. 对违章的监管不严，即使违章也不会被发现					
24. 不能很好地适应机器					
25. 穿戴劳动防护用品太麻烦又不美观					
26. 遵章行为的成本太大、收益太小					
27. 煤矿工作条件太差					
28. 煤矿的作业环境太差，经常让我受不了					
29. 经常会作业热情高，冒险作业					
30. 身体的活动范围不如一般人自如，感觉自己的身体协调能力很差					
31. 面对艰难的任务，会紧张得发抖、出汗					
32. 经常耳鸣，耳中自觉有各种声响，以致影响听觉					
33. 血压很高或很低，导致经常头晕					
34. 缺乏必要的安全知识及技能，训练经历或工作经验不足					
35. 工作时，记忆力较差					
36. 按照自己一些不正确的操作习惯不加思考地操纵机器					
37. 对自己所从事的工作没什么兴趣					
38. 认为自己的工作能力不能适应所从事的职业要求					
39. 周围的人员并不是都非常重视安全，把安全放在第一位					
40. 工作场所是否粉尘太大，使人生理和心理都受不了，影响安全生产					
41. 工作量过大导致经常疲劳作业					
42. 丧偶，子女死亡，父母死亡，家庭其他成员重病或死亡					
43. 机器经常出故障					
44. 为了赶进度获得奖金而违章作业					
45. 为了节省时间而忽视安全法律法规和操作规程					
46. 经常无故被责					
47. 煤矿奖惩制度不合理					
48. 没有被告知危险源					
49. 缺乏安全知识培训					
50. 领导从不关心我的心理需求和日常生活					

附录4　煤矿安全工作特性测验

指导语：以下列出了与您工作相关的一些条目，请结合您的实际情况或您对该问题的看法，选择与您最相符的选项填在题前的括号内。其中，1代表完全不符合；2代表比较不符合；3代表一般；4代表比较符合；5代表完全符合。

（　　）1. 我总是能按要求完成工作

（　　）2. 我熟悉工作的所有环节和要求

（　　）3. 我的身体状况对完成工作来说不是问题

（　　）4. 与其他煤矿相比，我们的工作环境令人满意

（　　）5. 我希望能一直在现在的部门工作

（　　）6. 我的性情很适合现在的工作

（　　）7. 要说服那些违章作业的人改正并不困难

（　　）8. 我对其他的工作比现在的工作更有兴趣

（　　）9. 工资和各种福利使我愿意在这里工作

（　　）10. 我几乎从不缺勤

（　　）11. 无论如何，我自己都不会去冒险作业

（　　）12. 我的工作对实现组织目标很重要

（　　）13. 单位的各项奖惩能公正地反映出员工的工作情况

（　　）14. 和同事们在一起我觉得很愉快

（　　）15. 我比别人更容易觉察到事故的隐患

（　　）16. 我有能力得到更多的提升或奖励

（　　）17. 本矿现行的安全管理制度为高质量的工作提供了可能

（　　）18. 在这里个人的进步会得到及时的认可

（　　）19. 当员工的个人生活受到工作影响时，企业会有人来关心

（　　）20. 我所在的集体每个人都明确自己的职责

（　　）21. 我有机会向组织提出我正确的建议

（　　）22. 组织目标的制定更多地是有助于员工把工作做得更好，而不是为了惩罚

（　　）23. 井下复杂的环境决定了事故是无法避免的

（　　）24. 那些运气好的人总是能平安无事

（　　）25. 工作强度太大，我常感吃不消

（　　）26. 工作责任太大，让人太紧张

（　　）27. 只要我自己按章作业，别人就会尊重我对他们提出的安全要求

（　　）28. 我的工作做得顺利是因为我在这方面能力突出

（　　）29. 工作中经常搞不懂应该按谁的要求去做

（　）30. 有时不太清楚如何完成工作目标

（　）31. 我获得的回报是基于我的工作表现

（　）32. 如果别人工作马虎，我认真工作就没有必要

（　）33. 总是担心事故会发生在自己身上

（　）34. 总做一种工作让人有些烦

（　）35. 工作中我对别人的影响力总是大于别人对我的影响力

（　）36. 我认为工作中如果没有和别人的竞争我会干得更好

（　）37. 在与人合作中很少有愉快的经历

（　）38. 大部分工作中很少能从别人那里得到帮助

（　）39. 常感到无法控制生活中重要的问题

（　）40. 很多生活的需求会和工作发生矛盾

（　）41. 我很担心现在的工作环境会给我的身体带来麻烦

（　）42. 工作中不断更新的技术要求让我不安

　　请填写您的个人情况：现岗位＿＿＿；年龄＿＿＿；现岗位工龄＿＿＿；婚姻状况＿＿＿；用工形式：＿＿＿；教育程度：＿＿＿。

　　感谢您配合此次调查！

附录5　履行工作职责外部评价测验测试

1. 履行工作职责外部评价测验的内容与测试要求

外部评价测验用于了解煤矿从业人员在对工作熟悉度、工作责任心、独立工作能力、与人合作能力、现场监护能力、遵章作业情况、目标完成情况等与安全管理工作有关的方面是否与安全管理的要求相适应。

外部评价测验的使用方法是由相关部门领导填写问卷，收回问卷后，与标准做比对，了解得分与标准之间的符合程度。职业适应性测验共含7个题目，5级计分，可在十分钟左右完成。该测验目前只适用于在岗员工，不适用于应聘人员。

2. 履行工作职责外部评价测验的描述性结果与分析

参加测试的直接领导（科长、队长、书记等科级干部）总人数为____人。其中，参加测试的瓦检队直接领导总人数为____人，评估对象瓦检员____人；参加测试的安技科直接领导总人数为____人，安全员____人；参加测试的安监处直接领导总人数为____人，安监人员____人。

3. 样卷

指导语：这是一份对工作人员履行工作情况进行评价的调查表，请您根据表中所列项目对以下每一个工作人员进行评价，并客观做答。其中，1代表非常不满意；2代表不满意；3代表一般；4代表比较满意；5代表非常满意。

被评价人	评价内容						
	对工作熟悉度	工作责任心	独立工作能力	与人合作能力	现场监护能力	遵章作业情况	目标完成情况